咖啡拉花技術大全

醜小鴨咖啡師訓練中心 —— 編著

龔佳婕 —— 主筆

前言

　　最初，讓我對義式咖啡著迷不已的並不是那迷人的風味，而是對於拉花時精湛技術的迷戀，第一次接觸到拉花的我像是著了魔一樣的掉進了拉花的世界裡，網路上同一個拉花的影片我可以反覆的看超過上百次，直到我感覺拉花的過程慢下、視力逐漸清晰，這一點都不誇張。一個拉花的過程短短的只有十幾秒，看上去動作卻是那樣優雅、俐落的展現拉花技術，看著白色的蒸奶在咖啡表面上強而有力的擴展開來，跟著鋼杯的擺動而逐漸上色，就這樣我深深地為拉花著迷了。

　　不愛看書的我竟然翻遍了所有可能為我解答的咖啡書，只為了解開腦袋裡不斷冒出的對於咖啡拉花十萬個為什麼。為了讓我的拉花也能像影片上那樣恣意的流動，我在吧檯裡不停的嘗試各種可能的做法，第一次沒有成功、第二次沒有成功、第三次沒有成功、第四五六次，然後，突然間我好像抓到成功的訣竅！就好像某個開關被啟動了一樣，那時的我還不懂咖啡的美味，我完全只專注在拉花這件事，直到喝到一杯啟發我追尋咖啡之路的那一杯卡布。想當然的接下來的日子，我便掉入了另一扇追尋完美萃取的日常，然後當我將所學的一切融會貫通之時，我才驚覺能將咖啡拉花發展到另一個層級，原因無它就是本質上的改變跟突破。

　　每每回顧起這些日子以來，始終發散著種強烈的踏實感，我希望能帶著這樣專注的熱情與你分享咖啡拉花的一切，對我來說咖啡拉花不僅是藝術，更是將義式咖啡與蒸奶技術淋漓盡致的表現。成就一杯好喝又好看的咖啡拉花，必須對於咖啡和蒸奶各種細節的掌握，從萃取義式濃縮咖啡、蒸打牛奶的方式和奶泡結構細緻與穩定的程度，到咖啡與蒸奶融合方式以及拉花成形的技巧，唯有徹底瞭解其背後的原理並不斷的正確練習，才能在如戰場的出杯時段不慌不忙地運用自如、展現專業所長。

　　請盡情地享用本書吧！那些存在你心中關於咖啡拉花的疑問，幾乎都能在本書裡找到解答，比如說，「為什麼在蒸打時要呈現向下捲入的漩渦狀轉動？」這是因為單純的只有旋轉，是沒有將奶泡與牛奶融合的效果，而沒有充分融合的奶泡與牛奶是無法在拉花時展現高度的流動性。每個動作都會一一的解說原理，加深你對操作的理解以及明白其重要性，有助於正確的進行練習。醜小鴨咖啡師訓練中心致力於將咖啡的一切系統化，以客觀的技巧為基礎，使咖啡拉花的過程變得更清楚，讓想站上吧檯的各位，能夠有更好的閱讀選擇。讀過本書的你下次在蒸打牛奶時，就會知道在鋼杯裡填裝合適的牛奶量，充分利用蒸氣力使得奶泡與牛奶可以融合均勻，進而做出綿密滑順的蒸奶。這麼一來你的拉花功力會更上一層樓，不僅能使黑白對比度提升還能撐起清晰的拉花。

在本書中也能學到義式咖啡沖煮的技巧，明白沖煮時味道和外觀的變化和其中緣由，甚至知道如何讓一杯好咖啡更為美味的調理方式。本書收錄了許多拉花時實用的訣竅，與醜小鴨咖啡師訓練中心教學新手最常碰到的問題，希望讀者能從書中的實戰經驗習得拉花要領，只要掌握萃取咖啡與蒸奶製作以及咖啡拉花的基本原理，新手也能挑戰經典的拉花圖形，為咖啡時光增添些樂趣。而原本已是拉花迷的朋友們，理論與技巧能隨個人想法靈活運用，對於拉花能更加的得心應手。渴望更具創意性的讀者，我也在本書的最後設計了一個有趣的創意圖形，如果能為你創作圖形時帶來些靈感的話，我會感到很開心。書中的拉花圖形從基礎到進階應用的高難度圖形，都準備了各個階段的教學，此外每個圖案都獨家收錄了第一人稱視角的步驟分鏡圖以及示範影片，讓能讓喜愛咖啡拉花的你可以輕鬆的學習咖啡拉花技巧。

致謝

感謝醜小鴨咖啡師訓練中心讓我有這個機會能將所學濃縮成《咖啡拉花技術大全》一書，本書能夠順利的完成要感謝許多人的大力協助，在此致上深深的感謝，尤其感謝攝影師及醜小鴨團隊們，才能成就這些理想畫面，要以第一人稱的視角連續拍攝這樣的拉花及蒸打牛奶時的動態畫面，實在得來的不易但我們還是盡其所能的做到最好的畫面呈現，只為能更詳細地將製作咖啡拉花時的各種細節展露無遺。

醜小鴨咖啡師訓練中心

龔佳婕

CONTENTS

咖 啡 拉 花 技 術 大 全

Chapter 1
咖啡拉花的基底／
義式濃縮咖啡

義式濃縮咖啡是咖啡拉花的基底，要製作一杯好喝又好看的咖啡拉花，學習如何萃取美味的濃縮咖啡是不可或缺的第一步。

　　拉花形成的基本原理是將濃縮咖啡與蒸奶充分融和為一體，讓奶泡能夠上浮在表面恣意的流動，隨著拉花技巧將奶泡延展出各式的圖形，但如果濃縮咖啡沖煮的狀態不佳，精緻的拉花圖形也就難以完整的呈現出來。

　　義式濃縮在高壓、快速萃取的程序裡，每一個步驟都是為了完美詮釋濃縮咖啡的魅力，既然我們沖煮的是濃縮咖啡，那就要有一定的濃郁程度，但濃縮咖啡可不是愈濃就愈好，有些人認為咖啡粉的份量只要放得夠多，應該就可以讓咖啡變得更美味吧！但真的是這樣嗎？

　　試想，我們在熬湯時也不是食材放得愈多就會愈好喝吧？在沖煮咖啡的時候也是相同的道理，要是濃縮咖啡本身太過濃郁的話，在品嚐時會不太容易辨識出味道和香氣，反而讓人錯過一些美好的風味，而且過於濃郁的飲品容易讓人感覺膩口，因此調理口味感受的協調可說是義式咖啡沖煮的核心。

精華濃縮的咖啡泡沫

　　泡沫狀態是義式濃縮咖啡的特色，義式濃縮利用高溫、高壓的沖煮方式，使水流快速的沖過研磨細緻的咖啡顆粒，在短短半分鐘內，將咖啡裡迷人的風味釋放出來——萃取咖啡，在咖啡顆粒被萃取的過程中，熱水的加壓浸透加速了咖啡內部的二氧化碳排出，使得二氧化碳跟隨著咖啡液而釋出，才有細緻的咖啡泡沫（Crema）產生。

　　萃取良好的濃縮咖啡，Crema量多而且濃稠，濃稠是因為裡頭萃取的咖啡物質充足，表面張力小能維持較穩定的泡沫狀，使得這些夾帶揮發性香味物質的泡泡不會一下子就消逝，而且萃取良好的Crema色澤飽滿，能彰顯拉花鮮明的對比度。

若是濃縮咖啡萃取得不完全，所釋放的咖啡物質稀少，Crema會顯得淡薄、消散的程度也是異常迅速，如果使用這樣沒有生氣的濃縮咖啡來製作咖啡拉花，完成品的顏色對比度與圖形的細緻度肯定較差。因此要做出質感好的拉花，學習正確的濃縮咖啡萃取技術，會讓你在拉花的道路上有一個好的開始。

挑選新鮮程度適當的咖啡豆

Crema的多寡與烘焙豆的新鮮程度有關，若使用剛烘出來的咖啡豆進行沖煮，此時，因為烘焙所產生在咖啡豆中的大量氣體，會不利於義式咖啡半密閉式的沖煮方式，原因在於，咖啡物質存在於顆粒中多孔的結構裡，在咖啡顆粒被萃取的過程中，會將內部二氧化碳釋出，而過量的氣體會對水與咖啡物質的適當接觸形成阻礙，造成物質萃取的不完全。因此，若是使用剛烘焙好的咖啡豆沖煮，首先會看到萃出的Crema的量非常多，但由於所能萃出的物質量還不足，氣泡就會比較大顆、消散的速度也比較快，易形成質地較為乾硬的Crema，反而會不容易做出拉花。

所以在挑選義式咖啡豆時，建議選用適當新鮮程度的咖啡豆，咖啡豆經過烘焙後二氧化碳會隨著時間排出咖啡豆外，隨著至少一週的養豆期及醒豆的過程，將一定程度的氣體量從咖啡豆中排出，不但萃取的風味更佳，也有助於拉花圖形的呈現。

Crema的顏色、質地（細緻度）

> "
> 若是想呈現高對比度的拉花效果，選用烘焙程度較深的咖啡豆，效
> 果最佳！ "

　　濃縮咖啡的顏色，會依據烘焙的程度而有顏色深淺不同的差異，
焙度愈深，Crema的顏色也愈深。

　　濃縮咖啡的質地，也就是氣泡的大小與多寡，這除了與新鮮程度
有關，也關乎烘焙的程度，一般來說深烘焙的咖啡Crema會比淺烘焙
的Crema更為細緻。

> "
> 當咖啡泡沫質地愈細小，拉花所能呈現的畫面也會愈細緻。 "

　　Crema顏色與萃取的程度也息息相關，若是為了提高拉花顏色對
比度，而調整濃縮咖啡萃取的粉水比例，不但會破壞整體的均衡度，
太濃的咖啡牛奶會讓人感覺膩口、甚至無法喝完。回歸到咖啡牛奶的
本質，飲品要好喝，風味表現就要均衡，如果說為了提高藝術性而犧
牲掉本身的美味，實在可惜，因為拉花所展現的流動性與咖啡牛奶的
美味本應該是同一件事。

瞭解味覺與萃取時間的關係

　　烘焙過的咖啡豆裡，可以萃取出來的咖啡物質大約只有三成，而其他則是無法被萃取的木質纖維，義式咖啡和所有沖煮咖啡的目標一樣，都是要讓水能夠均勻的透過每一個咖啡顆粒，將咖啡物質充分的萃取出來，完整地將咖啡豆經過烘焙的特色呈現出來。

　　咖啡物質在沖煮的過程中，最早萃出來的是酸味物質，而苦味物質是比較慢被萃出的，所以在萃取的前期可以嚐到比較多的酸味。隨著萃取的時間拉長、咖啡萃取的比例變高，萃取中後期慢慢的可以感受到苦味強度增加。伴隨著苦味的出現，會使得原本的酸和甜感受度減弱，酸、甜、苦味會漸漸達到完美的平衡。適量的苦味不僅能平衡酸味、還能突顯咖啡的甜味，隨著萃取物質的完整，整體的味覺感受也會愈趨協調。

萃取時間與味覺變化圖

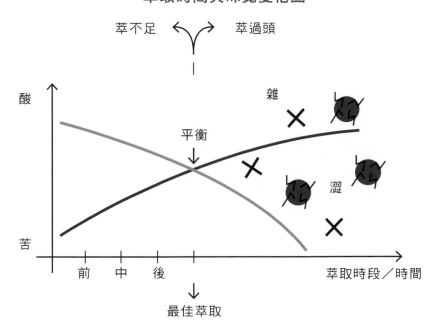

"

雖然每一個人對酸甜苦的接受度不同，但是如果味覺可以達到平衡就能沖出一杯順口的咖啡。因為不協調的味覺是無法讓人感覺美味。 "

　　那些只能嚐到苦味的咖啡，其實都是由於萃取過度，使得咖啡中的苦味變得過於強烈，而且萃取過度會伴隨著不適的雜味和澀感，這樣的咖啡嚐起來當然不可口。相同的東西會因為沖煮的條件不同，呈現出不同的味覺和口感，由味覺變化圖我們可以觀察到味覺與萃取時間的關係，而萃取時間正扮演著酸甜苦平衡的調整。

　　用想像的方式或許很難體驗到文中所說的，那麼不如起身進行一個簡單的驗證吧！

　　作法是像平常一樣沖煮一杯咖啡，可以是任何一種沖煮方式，只要將原本沖煮的時間分成三個時段各別接取，然後加以品嚐各時段的咖啡其中的酸、甜、苦味道分布的狀況，然後將喝到的味道強弱分別以表格記錄下來，再來對照看是否與前述的味覺變化圖的走向一樣。

　　瞭解味覺與萃取時間的關係，並且透過實作體驗建立感官記憶的連結，這可以幫助我們快速分辨咖啡萃取的狀態、階段，進而有效率地調製出一杯好喝、順口的咖啡。

萃取時間與味覺變化實作紀錄表

萃取時段／時間 與味覺變化	萃取前段	萃取中段	萃取尾段
酸味	強烈 明顯 微弱		
甜味			
苦味			

粉量
Grinding

"
萃取濃縮咖啡時,咖啡顆粒必須透過適當的壓力,才能在短時間內,將咖啡物質完整的釋出。 "

　　因為濃縮咖啡是利用9Bar的壓力,使水流快速穿透過咖啡顆粒萃取出咖啡物質,如果濾杯裡填裝的粉量不足,咖啡粉所形成的阻力太小,在強大的沖煮壓力下,會無法穩定的萃取出美味的濃縮咖啡,因此濾杯裡需要裝填一定份量的咖啡粉,產生適當的阻力,才能充分利用機器的高壓進行萃取。

　　濾杯本身的設計都有基本裝填的份量,其基本份量就是咖啡粉餅填壓完成後,要能填滿濾杯凹線內的體積,並且以不超過凹線為原則,否則把手將無法上鎖回應有的位置。

適當粉量

一般把手在嵌入沖煮頭後容易扣緊到正中間的位置，由於沖煮頭與把手為旋鈕設計，就如螺絲與螺帽的關係，當把手上鎖後的位置改變，濾杯和沖煮頭的的距離也會不同，這也會間接影響所沖煮的咖啡，如果把手鎖不到正中間的位置，就請先找出可以鎖緊的最佳位置，然後將位置固定下來。

粉量過少

要是填裝的粉量太少，填壓完成後的粉餅體積不及凹線處時，粉餅形成的阻力太小，水流快速通過，容易造成粉餅萃取不完全。

粉量過多

若填壓過後的粉餅體積高於濾杯凹線處，當把手要嵌入沖煮頭時，則會因為粉量太多而使把手無法鎖到原位，甚至當粉量超量時，還可能發生把手無法裝上沖煮頭的囧境。

 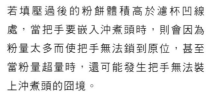

沖煮把手鎖不回原位

裝填粉與整粉

" 在裝填咖啡粉時，必須使咖啡粉均勻的散布在濾杯中，如果粉量分布的不一致，就會造成萃取的不完全及過度萃取的情況。"

因為當加壓的熱水在流過時，水第一時間就會往密度鬆散的地方先流過，水流量的不平均，通道效應就發生了，如此一來，密度鬆散的粉層就容易被過度萃取，而同一時間密度較高的區塊，則因為熱水流過的量太少，會無法釋出足夠的咖啡物質，因此當進行裝粉、整粉的動作時，務必要讓粉均勻分布在濾杯之中。

裝填粉時必須注意幾個重點，首先，我們要先觀察咖啡粉落入濾杯的方向、位置，接著找到適當把手擺放的位置，能使咖啡粉均勻的落在濾杯中堆疊，並將位置固定下來，要練習到每次都能堆疊出穩定的形狀。

接著要把堆疊的粉量一次填裝進濾杯中，不管是使用什麼手法，敲擊或是拍打，都必須將方法加以固定，一旦方式改變，敲擊的力道、次數的不同，粉堆疊的情況就會不同。

最後的步驟則是整粉的動作，這時候可以將堆疊較高的地方往空隙處推滿，讓粉均勻的分布在濾杯中，整粉的方向和次數也必須固定，以穩定品質、減少裝填的誤差。

填壓
Tamping

　　在尚未填壓的情況下，咖啡顆粒間仍是鬆散而且密度不均的狀態，在這樣的狀態下，是無法進行均勻的萃取。透過填壓器對咖啡粉平均的施力，將咖啡顆粒間的空氣壓出，使顆粒集結成一塊緊密且紮實的粉餅，這樣才能在沖煮時做到最完整的萃取。若是填壓動作不確實，對粉餅施力不均，粉餅的密度就不會是均勻的，這也意味著沖煮時會有水流不均的情況發生，使得流速無法達到穩定，如此一來萃取的比例也就無法提升，所以讓粉餅的密度均勻，正是填壓最重要的目的。

　　填壓的的重點在於「一次性的將粉餅密實的動作」，因為當填壓進行了一次以上的施力，不論是兩次或多次填壓都容易造成粉餅密度不均勻，所以在做沖煮前的每個動作都應該要能迅速、準確的重複，這樣才能確保沖煮的結果會有穩定的品質，因此填壓時施力的方式以及力道都必須要能有效的固定下來。

施力方式、姿勢與方向

正確填壓

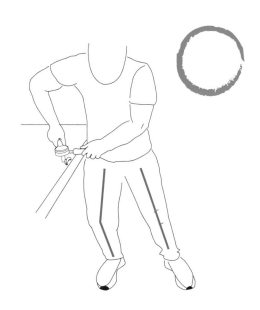

> 運用身體的重量來施力，相對於用手臂施力來得輕鬆且更能穩定施力的方向、力道。

練習的第一步驟要先站穩，雙腳打開與肩同寬，左右兩腳對稱，讓施力點與手臂連成一線，以膝蓋彎曲帶動身體前傾，讓手做出下壓的動作，使身體的重量藉由肢體的連動傳達到填壓器上。填壓是藉屈膝的動作將自身重量傳達到施力點上，因此使力的順序應該是由彎曲的腳開始。

填壓時身體的側面應與施力同方向移動，因為當施力與手肘彎曲的方向一致時，作用力會是最直接、最不費力氣的。相反地，如果在施力時，身體產生偏移或轉動，等於是變相地將力量施在手肘上，施力就會無法完全作用在粉餅上，這也代表部分的力量是被浪費掉的。

施力方式不當會容易造成肌肉傷害，在施力的過程中若是手臂產生疼痛，請先停下來重新檢視手擺放的相對位置，調整至順手的位置後，再加以固定施力方向。

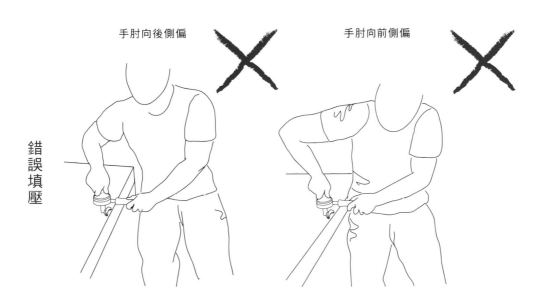

手肘向後側偏　✕　　手肘向前側偏　✕

錯誤填壓

握填壓器的手勢

請先將你的中指、無名指、與小指，圈住填壓器

握把，不要用力握住，只要能夠撐住即可

然後再將你的拇指與食指分別放置在填壓器底座的兩側，拇指與食指必須對稱

手掌請勿握住把手，只需用中指、無名指、小指、圈住填壓器把手即可

" 填壓器的拿握方式會影響施力的均勻度，也就是粉餅受壓的均勻度。 "

　　施力時要以填壓器底作為對象，將身體的力道均勻的施在填壓器底座上，因此施力點應當落在放置在底座兩側的食指與拇指上，施力點的位置若是一高一低或左右偏移太大，都會影響施力的結果。

　　一開始可以將填壓器放置在桌上，練習用身體的力量，在身體前傾帶動手臂下壓時，將填壓器底座平均壓在桌面上，此時力道的重心會全數的落在施力點上，也就是拇指與食指會感受到最大的壓力，如果壓力的感受是落在手臂上，那就表示是用手臂施力，而未正確使用到身體的重力做填壓。

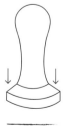
○施力平均

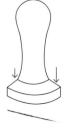
×施力不均

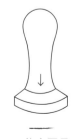
×施力不足

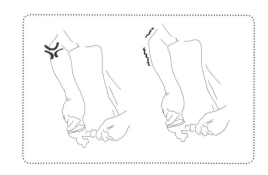

在前面的練習當中我們已經知道如何利用身體的重力施加在粉餅上，那麼該如何判斷填壓的確實與否？

> " 以固定粉量做練習時，每次施力點應感受到相同的阻力回饋。填壓的力道並不需要死命地全作用在粉餅上，而是要能適當地加以控制，以期達到最省力的方式。 "

填壓完成後的檢視方式

①觀察濾器與填壓器底座的水平落差

以粉量相同的情況下，每次完成的間距應該要接近才對。

②倒扣出來粉餅完整

將咖啡粉填裝進濾器中，濾器就如同一個模子一般，當力道可以均勻傳到填壓器底座時，咖啡顆粒在濾器裡會緊密結合，進而被擠壓成一個粉餅，只要粉餅受力均勻時，壓完所敲出的粉餅就會是一個完整的形狀。

③各處密度扎實相當

　　除了外觀完整外，最重要的還是粉餅
內部的密度各處相當，這樣才能在穩定的
水量下做到均勻的萃取。檢視的方式是當
粉餅敲下來後，可以用你的手指，往粉餅
的中心下壓到底，接著再向四周分散的粉
餅依序下壓到底。手指在戳的過程中，若
粉餅密度相當，你應該會感受到相同的阻
力回饋，如果沒有，多半是施力不均所造
成的結果。

萃取
Extraction

水流過粉餅內部時正確的走向

　　水在流過粉餅時，不會立刻由上而下進行萃取的動作，水會先將
上層空間填滿，之後會找尋阻力最小的地方流下，由於緊實的粉餅對
於水壓來說是阻力最大的部分，所以相對阻力最小的位置會是濾杯與
粉餅的邊緣處，因此當上層水充滿後，水第一時間會先由粉餅的外圍
開始萃取。

完整粉餅
均勻的填壓方式是一次性的施力到底

　　咖啡粉餅的密度均勻是影響穩定萃取最大的因素，機器可以提供穩定的水壓、水量、溫度和水流的方向，將濾杯中的咖啡粉加以萃取出濃縮咖啡，因此只要濾杯內的內容物是緊實的，配合機器的水壓，水就會從粉餅最外層逐漸滲透至粉餅內部，完成包覆式萃取。

粉餅不完整
施力不確實、兩次或多次填壓

　　在填壓時進行了一次以上的填壓，兩次或著多次填壓都容易造成粉餅裡面不均勻，受力的不均使得粉餅中產生密度不同的區塊，當沖煮加壓的水在通過時，水就容易先通往阻力較小的地方，使粉餅內部開始分層、產生快速通道，這麼一來就無法由外向內地進行包覆萃取，就造成了粉餅萃取不完整的情況發生。

萃取的流狀

在了解粉餅受水狀態後,接著要針對濃縮的流狀加以探討,下圖所顯示的是一個完整粉餅在各個萃取的時段裡所對應的流狀,我們將其分為萃取的前、中、後段來解釋。

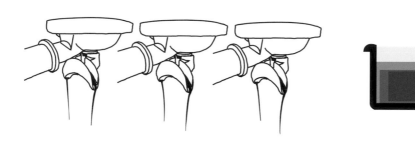

萃取前段　第4~5秒(視豆子情況)

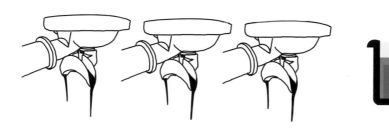

萃取中段　第10~12秒(視豆子情況)

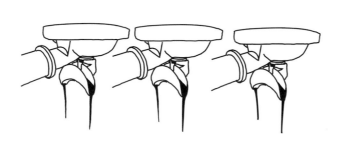

萃取後段　第21~23秒(視豆子情況)

每份濃縮咖啡的萃取量約為25～35ml（視豆子的情況）。

萃取前段

初期水會先沿著粉餅最外層，往下浸濕直到濾杯底部開孔流出，並順著把手的分流嘴流下，當粉餅密度均勻，萃取的水流會是包覆式地由外向內進行，因為一開始只有最外圈的濃縮流下，所以可以看到濃縮是呈現細小而且上粗下細的狀態，形狀就像是老鼠尾巴一樣。

萃取中段

沖煮時間的經過，隨著粉餅受水的面積加大，水流通道變多，流量會跟著變大，可以看到流狀比一開始更為膨脹、放大，但是仍會維持上粗下細的狀態。當周圍大部分的顆粒都膨脹時，此時會呈現最大的流狀，咖啡顆粒會因為吸了水量而膨脹，使得顆粒間的通道變寬，而流量得以變到最大，但因為濾杯限制了膨脹的空間，流狀不會無限的變大，而是會維持膨脹狀最大。

萃取後段

在萃取接近尾聲，當每個咖啡顆粒都吃飽水膨脹，加上能夠萃取的物質減少，流狀會有縮小的現象。

萃取的顏色變化

一般來說濃縮咖啡的沖煮應該會有以下幾種顏色呈現。

黑褐色

水從咖啡機流下，穩定的受水壓力，咖啡物質釋出，並隨著水流往濾杯下方，前段的咖啡液將呈現咖啡最原始的黑褐色。

 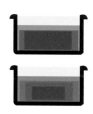

赭紅

慢慢地繼續萃取，已被萃取過的區域的咖啡液將轉淡為赭紅色，而新萃取的依舊是黑褐色，所以這個狀態下將會有兩種顏色的咖啡液。

榛果

當進行到最取過程的中段時，外圍最先被萃過的區域咖啡液將轉為榛果色，這時大部分的咖啡液都是赭紅色和榛果色並帶著一絲黑褐色。

＊前三段顏色是最佳最取時間範圍。

金黃

已經萃取到尾段時，在咖啡粉所能萃取的物質大量減少後，咖啡液將呈現金黃色，而隨著萃取時間的拉長，金黃色的咖啡液會愈來愈多，最後則會呈現白色或透明狀。

完整萃取的外觀

由萃取的顏色變化中我們可以得知，完整萃取的濃縮咖啡表面的Crema應該會有三種顏色，分別是黑褐色、赭紅色及榛果色。

由外觀判斷萃取狀態

若是萃取不良的濃縮咖啡，我們也可以由Crema的外觀來檢視萃取時的狀態。

萃取不完整

這一杯雖然三種顏色都有，但我們可以注意到Crema已經薄到露出底下的咖啡液，這是填壓不完整而使後段流速過快所導致的尾段萃取不足。

萃取時間過長

這杯多了一塊金黃色，代表萃取過久。可以用手指將金黃色的部分蓋起，便會發現顏色相當完整，所以在沖煮時可以在同樣的條件下，將秒數再縮短。

萃取不足

若全部的顏色都是榛果色，代表水分在通過粉餅時，每個顆粒受水時間都過短，因此可推論出萃取時可能發生了粉量過少、顆粒過粗或豆子不新鮮等狀況。

研磨粗細調整萃取的流速

　　當粉餅的完整使得沖煮狀態穩定之後，才能從中調節萃取的流速快慢，在機器提供穩定的水流量下，濃縮咖啡萃出的速度是反應粉餅的緊密程度，當顆粒研磨得太粗，粉餅整體的密度低，在萃取時濃縮咖啡會迅速地湧出，由於水和咖啡顆粒接觸的時間過於短暫，顆粒還來不及釋放出可溶性的咖啡物質，萃取不完全的濃縮咖啡嚐起來通常很淡薄、乏味。另一方面，若是顆粒研磨得較細，粉餅形成的密度太高， 粉餅強大的阻力使得濃縮咖啡流速緩慢，使水和咖啡顆粒接觸的時間拉長，容易造成粉餅外層過度萃取、粉餅內部可能尚未萃取的狀態，這樣的濃縮咖啡嚐起來入口濃烈、刺激感，使得味覺感受不平衡。

確認萃取的狀態

　　粉餅的完整和適當粗細調整，才能在短時間內萃取出風味均衡的濃縮咖啡。藉由萃取時間長短、萃取的流量、流狀及外觀，進行調整到適當範圍後，還要以實際品嘗做最後的確認，才能調整到濃縮咖啡最佳的狀態。

　　我們在品嘗濃縮咖啡時，嘴裡整體感受到的體驗，不外乎味道、香氣、口感（質地）這三者綜合的體驗，就稱之為風味。而味覺與口感是在入口後最能明顯感受，並能分辨感受的強度與分布位置，充分萃取的濃縮咖啡，除了味覺上酸甜苦達到平衡外，在既定的萃取量中，萃出的濃縮裡有足夠的咖啡物質時，濃縮咖啡會具備一定的濃郁程度，喝入口就好像是冰淇淋在嘴裡化開，當濃縮滑過舌面時，其所到之處都要能感受到一定的濃稠感與強度，而且會是一種滑順、持續並且不帶有刺激及不適的口感，像這樣萃取良好的濃縮咖啡在舌面上所能感受到的範圍就會是完整的（**3**）。若是在品嘗時，舌面上所能感受到的範圍小，僅有舌尖、舌中出現味道（**1**、**2**），則表示咖啡裡頭的萃取物質還不太夠、粉餅還處於萃取未完全的狀態。如果在舌根處感覺到太強烈的苦味、澀感（**4**），則咖啡已經萃取過頭了。

> 透過明確、有系統的品嘗方式，學會判讀咖啡萃取的狀態，才能將咖啡的精華毫不保留的展現出來。 ”

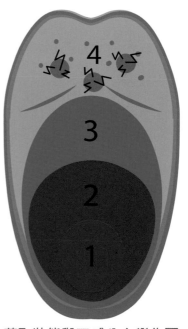

萃取狀態與口感分布變化圖

Chapter 2
關於拉花所使用的器具

拉花鋼杯

一般市售的鋼杯基本上都具有不錯的品質，因此挑選的器具的重點應在於合適與否，先瞭解器具的差異，較容易挑選出符合自身需求的工具。

拉花鋼杯依據杯嘴的型態，大致可分成長嘴、短嘴、尖口與圓口還有平口的杯嘴和杯嘴外翻等型。

短嘴與長嘴

一般來說短嘴的鋼杯，相對容易控制奶泡的流量和流速，對於初學者來說，一開始若選用短嘴鋼杯會比較容易上手。如果是長嘴鋼杯在拉花時難抓到重心，尤其是在製作線條形，像是葉子圖形時，杯嘴偏長常容易有兩邊不對稱、形狀歪斜一邊的情況。

短嘴　　　　　　長嘴

尖口杯嘴與圓口杯嘴

尖口在拉花時能呈現較細緻的線條，適合較為精巧的拉花圖形。另一種圓口杯嘴較略寬，圓口型所呈現的線條較粗，適合用來製作需要堆出面積大一點的圖案，像是心形、鬱金香等圖形，若使用圓口鋼杯容易做出對稱的大圓形，或是用於慢葉圖形時，圓口能做出相對穩定的粗線條。

平口和外翻的杯嘴

杯嘴還有分為平口與外翻型的杯嘴，外翻杯嘴一般嘴較長、平口杯嘴則較短，外翻嘴能縮短與液面間的距離，使拉花時可以用很小的流量，就能製作成形，在對於製作複雜的組合圖形時會是一個不錯的選擇。

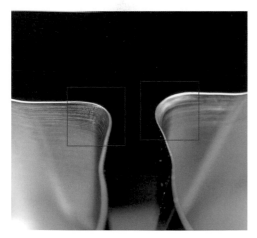

尖口杯嘴　　　　　圓口杯嘴

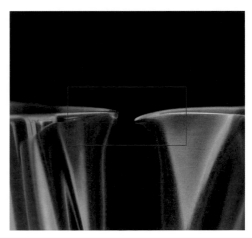

平口的杯嘴　　　　外翻的杯嘴

鋼杯容量與蒸氣量大小

　　鋼杯容量一般分為350、600和1000cc，選擇合適大小的拉花鋼杯，最大的好處就是不會浪費牛奶，拉花時也容易控制倒出的奶泡流量。350和600cc是一般最常使用的鋼杯尺寸，鋼杯尺寸的大小會隨著所使用的機器蒸氣量強弱而有合適的搭配，太大的拉花鋼杯如果配上蒸氣量小的機器，其蒸氣壓力和力道無法完整帶動奶泡與牛奶均勻混合，奶泡也就無法打得好，因此若是使用單孔或一般家庭用的咖啡機，會比較建議選用350cc或是容量更小的拉花鋼杯。一般營業用的雙孔義式咖啡機，其蒸氣大小足夠應付600cc以上的拉花鋼杯，不過，若是使用350cc小尺寸的拉花鋼杯配上蒸氣大的機器，那就需要點功力了，因為容量小、蒸打時間自然會比較短，要在短時間內均勻混合奶泡，又必須維持適當發泡量及溫度，因此使用小鋼杯蒸打奶泡是個不小的挑戰呢！

咖啡杯型如何挑選

雖然杯身形狀會影響拉花的時機與圖案成形的難易度，不過只要掌握住拉花原則，就不會受杯型所限制。選擇杯子的首要條件應當是容量，容量取決於所要搭配的牛奶比例，而選定杯子的尺寸後再挑選合適大小的鋼杯，接下來要考慮的才是杯子的形狀，杯型與入口時奶泡的厚薄度有關，可視想呈現的口感來做挑選，一般歸類成高深窄口杯和寬口矮杯兩大類。

高深窄口

高深窄口所呈現的口感較厚，要注意的地方是在倒入時的路徑長，需掌握好融合的力度和節奏，由於杯口表面積小，堆積在表層的奶泡會比較厚，圖案也容易成形，不過能展現的作圖空間相對較窄。

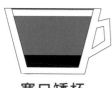

寬口矮杯

寬口矮杯所呈現的口感相對較薄，奶泡與咖啡融合時間短，一開始融合時，要小心不要將Crema給沖散了，口徑寬讓奶泡有足夠的面積分布，其圖案能擴展的幅度較廣 ，可以做出大一點的圖案，或是精細的構圖。還有一點，通常咖啡杯都是以圓形的杯子為主，只要注意倒入的奶泡與咖啡是否均勻混合，其他形狀其實也是可以的。

Chapter 3
蒸奶泡沫的質與量

用蒸奶調製的咖啡飲品，最令人嚮往的就是牛奶泡沫所帶出的迷人質地，不單是來自於增添了氣泡的輕盈感，氣泡與牛奶的融合所展現的柔滑質地更是蒸奶製作的核心。蒸氣將牛奶與泡沫融合至恰到好處的濕性蒸奶狀態，其細緻均勻的結構與濃縮咖啡相近，彼此容易結合，才能製作出口感勻稱的咖啡牛奶、帶出濃郁的風味。若是應用在咖啡拉花上，高流動的濕性蒸奶，能在咖啡表面上恣意的延展、輕易的做出黑白鮮明的拉花圖形。

不易維持的完美

使用蒸奶製作的咖啡牛奶，在剛完成時最美味可口，原本柔滑如鮮奶油般迷人的質地，隨著時間的經過，會開始分離，形成上層飄浮著的牛奶泡沫與下方液體的咖啡牛奶。

牛奶泡沫通常只是暫時性的現象，不同於鮮奶油泡沫能長時間維持融合穩定的泡沫狀態。因為鮮奶油裡頭含有豐富的乳脂能固定氣泡，而牛奶的成分與鮮奶油相比，牛奶質地稀薄、所含的水分也多，因此，牛奶泡沫並不容易維持。

牛奶泡沫在蒸打結束後，若靜置不動，結構會悄悄地開始變化，蒸打輕盈的氣泡會向上浮起，而氣泡周圍的水分則會受到向下的重力所拉扯，一旦泡沫中的水分開始流失，奶泡便失去滑潤光澤的狀態，於是奶泡就變得又乾又硬。

" 我們不會希望牛奶泡沫在與咖啡結合前產生分離，為此，必須建立穩定的奶泡結構，減緩水分的流失，使牛奶泡沫能維持絲絨般滑順的口感及易延展的特性。 "

牛奶與奶泡靜置分離

穩定的濕性奶泡結構

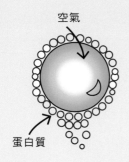

空氣

蛋白質

一般情況下液體和空氣是不易融合的，牛奶之所以能產生泡沫，是因為裡頭的蛋白質喜歡沾附在氣泡上，蒸氣將空氣帶入牛奶中，牛奶中的蛋白質便會集聚在氣泡周圍，形成了泡沫薄壁——奶泡初生。

這些在牛奶表面剛剛生成的奶泡，顆粒有大有小，隨著蒸氣力逐漸分散在牛奶之中——奶泡與牛奶融合，擾動將奶泡分裂成更細小的氣泡，並且使氣泡均勻充斥在牛奶中。

蒸氣產生的同時也會產生熱度，隨著溫度漸高，乳糖的溶解增加了泡沫壁的黏稠度，也減緩周圍水分的流失。脂肪經加熱軟化後，延展成氣泡間的黏著劑，讓細小的泡沫得以安定。這些成分相互連結，就生成了穩定的奶泡結構，而奶泡中的水分便難以脫離。

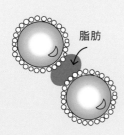

脂肪

"隨著奶泡與牛奶融合的程度愈徹底，蒸奶的結構會愈細緻、綿密，才能形成穩定、滑順的濕性奶泡。"

挑選適合蒸打的牛奶

　　依據乳脂含量的多寡，牛奶大致分成全脂牛奶和低脂牛奶，在選擇蒸打所使用的牛奶時，「第一個考量應該是，牛奶能不能蒸打出穩定的泡沫結構。」

　　蒸打奶泡時使用全脂牛奶最佳，因為乳脂是構成「穩定結構」的必要因素，脂肪的存在加強了奶泡的穩定度，幫助泡沫維持原狀。不過，並不是脂肪含量愈高就代表奶泡可以打得愈好，脂肪過高（含量占在5％以上）在蒸打初期會不容易生成奶泡，往往要等到溫度上升時奶泡才慢慢產生出來。

　　如果使用低脂或脫脂的牛奶，雖然一開始比較能形成奶泡，但由於脂肪含量較少，製作出的奶泡密度低，相對穩定性不足，而且乳脂富含美好的滋味，缺少了脂肪的牛奶，在風味上也比全脂牛奶遜色許多。

> 在經過整體測試後，脂肪含量為3～3.8％的全脂牛奶，蒸打出來的奶泡品質最佳也較穩定。

奶泡和牛奶的黃金比例

牛奶泡沫中氣泡所占的比例，是針對牛奶的整體性而製作的，細緻且足夠的氣泡量能使泡沫穩定並維持柔滑的口感。發泡比例的多寡對於奶泡品質有很大的影響。

若要費時將奶泡蒸打均勻，結果可能導致奶泡溫度過高，而高溫會使蛋白質變質，這樣的奶泡就算能打得綿厚也無法滑順。

\ 20～25% / **奶泡量剛好**

> 奶泡量的比例控制在原牛奶量的20～25%，蒸打出的奶泡品質最好。

\ 10～15% / **奶泡量不足**
奶泡質地較鬆散、口感稀薄，拉花也會難以成形。

> 奶泡細緻但氣泡不夠多的時候，奶泡的穩定性也會不足。

\ 30～35% / **奶泡量過多**
奶泡質地顯得乾燥粗糙，難作出精緻的拉花圖形。

> 過多的奶泡量需要較長的時間融合均勻，融合不足奶泡流失分離的速度愈快。

關於發泡比例對於拉花的影響

　　牛奶的發泡比例關係到拉花圖案的成形，也和奶泡的流動性很有關係，流動性對於拉花的影響甚巨。

　　為了讓各位讀者更清楚發泡比例是如何影響拉花？接下來將以3杯融合不同發泡比例的拿鐵，分別做出相同圖樣的拉花，並比較其中的差異。

　　使用10～15％比例的奶泡，由於融合奶泡的量太少，奶泡難浮於咖啡表面，可以看到在做圖初期時，洋蔥心的外圈，所形成的線條周圍糊糊不清。

奶泡量不足，線條完整度較差。

　　而使用30～35％比例的奶泡，融合過多的奶泡量，相對來說奶泡較輕，拉花時容易浮於咖啡表面，但這樣的奶泡因為缺乏滑潤度，相對不容易移動，可以看到在拉細緻的線條時，奶泡流動性低、不易延展開來的線條一下就推疊在一起。

奶泡量太多，線條顯得生硬。

　　相較於使用20～25％比例的奶泡，綿滑且高流動性的狀態，不免使前兩種成品相形失色，用其製作出來的拉花成品，線條黑白分明且延展效果也最佳！

奶泡量恰恰好，線條黑白分明。

由測試結果，我們可以知道，成功的拉花並不是奶泡量愈少愈好。

"
適當比例的發泡量所製作出的奶泡，拉花時圖案容易成形，也能保持最佳的流動性。,,

良好的蒸打方式不必浪費奶泡

刮除粗奶泡或將太厚的奶泡倒掉，往往是因為蒸打的方式不良，將牛奶過度打發，而過度發泡的奶泡，整體質地會變得粗糙，即使除去過多的粗泡也無法使剩下的奶泡變得滑順。更重要的觀念是——

"
將奶泡刮除、倒掉奶泡都是在破壞牛奶本身的比例。,,

牛奶中的各成分都有固定好的比例，要是其中一個份量被改變，都會影響成品的整體性。學習良好的蒸打方式，將奶泡控制在適當比例的發泡量，就不會有多餘的奶泡被浪費。

刮除粗奶泡和倒掉厚奶泡都是由於不良的蒸打方式，所衍生的錯誤方法。

✗ 刮除粗奶泡　　　✗ 倒掉厚奶泡

好喝的奶泡溫度

> 奶泡溫度維持在55～65℃最適當，不僅溫度適宜飲用、口感和甜味的表現也最佳。

　　溫度過低的奶泡，其結構發展並不完整，奶泡會快速的消泡。然而要是奶泡溫度太高，加熱過度的風味會沒那麼迷人，若溫度超過70℃以上就是悲劇了，不光是飲用時會燙傷舌頭，入口時的奶泡和牛奶幾乎會是分離的狀態。

　　牛奶一旦加熱超過60℃，糖分會開始蒸發、甜味會降低，超過65℃以上便容易突顯咖啡的苦味，奶泡結構也會開始變化。溫度到70℃以上的奶泡，蛋白的質地改變，奶泡會變得愈來愈硬，泡沫也無法再留住牛奶，使得奶泡在短時間內硬化分離，因此溫度的掌控，是相當重要的。

運用感知判斷溫度適宜的時機

蒸打過程中，不建議使用溫度計來測量，原因是因為溫度計的探針會擾亂奶泡的流動。

> " 確認溫度可以透過手來感受鋼杯中奶泡的溫度，以及傾聽蒸打時的
> 聲音，來預測溫度變化。 "

蒸打奶泡時透過手測量溫度，也可以由聲音的變化來判斷完成的時機，蒸打時聲音會隨著溫度上升而漸漸大聲，此外也可透過蒸打時間長短作為輔助判斷的條件。在初期對於溫度的掌控還不夠熟練的時候，蒸打完成後可用溫度計幫助確認，一次次的反覆練習過後，便能透過感知將溫度控制在相同溫度，就不再需要溫度計了。

當奶泡打好要倒入濃縮咖啡裡時，此時咖啡的溫度差不多已降至60℃左右，要是奶泡的溫度太高，就會影響到咖啡與牛奶結合的品質，也因此請記得，品質良好的奶泡，溫度要控制在55到65℃之間。

完成的奶泡看起來有成功嗎？

蒸打成功的奶泡外表光滑亮面、看起來乳脂感豐富，當泡沫與牛奶融合的恰到好處，就會像是鮮奶油一般迷人的質地。

奶泡打得好不好喝，除了表面的光澤判斷之外，我們還可以用一種方法檢視，在奶泡蒸打好之後，反覆的搖晃拉花鋼杯，讓奶泡沾粘在杯壁上，接著觀察杯壁上的奶泡，是不是有如鮮奶油般慢慢的滑落。而且細看外表應該都是要細緻、小小顆的泡泡，不能有大泡泡摻雜在其中，這樣的奶泡才好喝。

要是奶泡滑落的速度太快，則表示奶泡與牛奶沒有充分的融合在一起，光是搖晃一圈相互對照，就看得出其間差異相當顯著，每次蒸打完成後，請務必搖晃鋼杯確認一下奶泡的品質！

充分融合

奶泡質地光滑細潤，呈現亮面。

融合不均

奶泡有大小氣泡參雜，黯淡無光。

融合到恰到好處

搖晃後會在杯壁上延展而慢慢滑落。

融合不完全

搖晃後便快速滑落分離,杯壁散落著大小不均的奶泡。

要如何蒸打出完美的濕奶泡呢？

訣竅其實很簡單，就是迅速、有效率！

> 迅速的在低溫時混入適量的空氣，同時，有效率的將氣泡充分融入牛奶之中。

用蒸氣製作奶泡時，愈迅速的將空氣混入牛奶中，完成的奶泡品質愈好，若是當溫度升高後才製作出的奶泡會容易消散，這是由於蒸氣從一開始就產生熱度，隨著溫度上升，加熱軟化的乳脂自由移動，會對蛋白質的沾附形成阻礙，能夠發泡的程度也就會愈低，

> 所以，要是發泡的時間點太晚，奶泡會不易發起、結構也會不穩定。

空氣混入的時間點過慢，相對來說，奶泡與牛奶融合的時間也比較短，融合不足泡沫當然不穩定！此外，奶泡的產生要平穩的進行，如果一下子混入大量的空氣，奶泡會來不及捲入牛奶中，表面就會堆滿大顆的氣泡，質地也會變得粗糙，如此一來，便需要花費更多的時間將奶泡攪綿攪細，最後的結果，不是奶泡與牛奶融合不完全就是整體的溫度過高。

> 混入適量空氣時，表面不該都是粗大氣泡。

一次性混入大量空氣

大量的粗泡堆疊而脹滿表面

平穩的混入適量空氣

表面光滑、氣泡會向中心下捲

A下捲的漩渦狀液面

B向上湧起的波浪狀液面

奶泡在產生的同時，就要一邊將奶泡和牛奶均勻地融合在一起，讓我們看一下**照片A**。

　　這是漩渦有效力地將表面生成的奶泡，向下捲入牛奶中融合的樣子。

"
　牛奶呈現漩渦狀的轉動，液面不是只有旋轉，而是由四周向漩渦的中心捲下。 ,,

　　奶泡持續被捲下的途中，會將整體奶泡裡多餘的空間縮減到最小程度，使奶泡漸漸綿密。

　　再來看看**照片B**，牛奶是呈現四散、不規則的流動，液面中心出現的是凹凸的波浪狀態，可以看到大小不一的氣泡散落在波浪之中，也就是說──

"
　在波浪狀態下，奶泡無法充分的和底下的牛奶融合。
　　　　　　　　　　　　　　　　　　　　　　　　　　　　 ,,

　　相較之下，**照片A**中的漩渦狀態，氣泡不停的被捲入牛奶之中融合，因此，正確的液面會是光滑的、下捲而且沒有氣泡四散，整個蒸打過程都要讓奶泡保持最佳的融合狀態，直到奶泡加熱至適當的溫度即完成製作。

基本練習

在開始練習前，讓我們先來認識一下機器的部分。

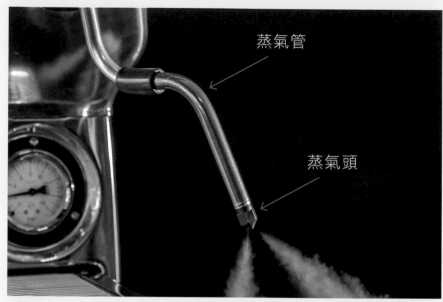

蒸氣管

蒸氣頭

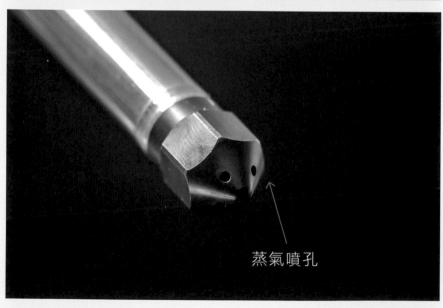

蒸氣噴孔

　　蒸氣管閒置時，管內的蒸氣會因為溫度下降而凝結生水，因此，在每次使用前都需要先做放氣的動作，將含有大量水分的蒸氣釋放掉，也是在確認出氣孔排氣是否順暢。

　　初期練習時建議先用一般飲用水，來測試所使用的機器其蒸氣力帶出的水流。水裡頭的物質與牛奶相比較少，所以水會比較容易產生旋轉，也能清楚看到發泡和漩渦的形成，還有蒸氣頭埋進液面深、淺的差異性。

　　不過由於水裡沒有蛋白質和脂肪的成分，所以產生的泡泡會快速的破裂。待基礎階段熟練後，使用牛奶蒸打就不會有這樣的問題了。

放對位置是蒸打成功的關鍵

能蒸打出漩渦的位置可能不只一個，但關於成功的原則只需要記住——

> 當蒸氣噴孔與漩渦中心和鋼杯壁、杯底保持適當距離，就能發揮蒸氣最大的融合效力。

要是蒸氣噴孔與鋼杯壁之間太過靠近，反而會使蒸氣力量減弱，牛奶會因為無法順暢轉動，而呈現四散的波浪狀。

若不平衡的轉動加劇，還會使得液面產生翻滾的情況，可以看到產生翻滾的情況時，表面生成的氣泡，只在原地打轉，幾乎是攪不下去。

而且——

> 上下翻滾時所包覆大量的空氣，會讓牛奶瞬間多出好幾倍的奶泡，使得奶泡量難以掌控，會造成這樣的情況，都是因為蒸氣噴頭沒有放在對的位置上。

翻滾狀液面

X

如何找到蒸打關鍵位置

1. 填裝適當奶量

　　一般鋼杯建議將牛奶裝至凹槽的下緣處，當裝入牛奶的量在鋼杯容量的4～5分滿時，蒸打時融合的效果是最好的。

2. 蒸氣管固定的位置

　　剛開始如果找不到方向，可以將蒸氣管倚靠在鋼杯嘴部，會比起靠在平滑的杯緣處，更能將位置固定，也可以此位置當作鋼杯移動的支點。

3. 蒸氣頭先置中

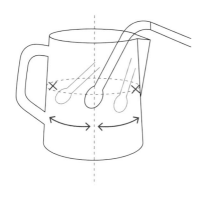

　　蒸氣管拉起，使蒸氣噴頭對準液面中心，確保蒸氣噴頭與鋼杯前後保持適當距離。若蒸氣頭與鋼杯嘴部的凹槽太近，當奶泡發起時，會容易形成不順暢的轉動，造成奶泡翻起。而若是將蒸氣頭靠近握把處，蒸氣管的入射角度過大時，此時蒸氣孔容易露出液面，將無法有效的利用所有蒸氣力，而且蒸氣的外散還會造成表面產生許多氣泡。因此，將蒸氣頭放置中心，對於前後距離會是比較恰當的位置。

4. 調整噴頭深度

深度大約就是噴頭的部分埋進水面下2/3的位置，不過，深度會因奶泡總量以及蒸氣強度而有所調整。

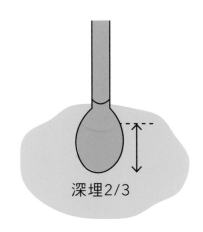

深埋2/3

5. 蒸氣頭向外偏移

向左或右側轉動鋼杯，使蒸氣噴頭落在鋼杯中心外圍的位置，移動的距離大約是與中心偏離一個蒸氣頭的寬度。

"
因為蒸氣是構成流體轉動時的動力，所以當漩渦形成時，蒸氣噴頭會在漩渦中心的外圍而不是正中央。 "

小補充

在選定蒸氣管擺放的一側，放置於左或右側，差別只在於旋轉的方向不同而已。

蒸氣頭偏離中心距離太小、太靠近中心，表面易呈波浪狀，並生成許多泡沫，這是由於蒸氣力過於集中，而在表面產生氣泡。另一方面，蒸氣頭若偏離中心太遠、太靠近外壁，則蒸奶會在杯壁周圍旋轉劇烈，但是旋轉使得泡沫向外四散，產生的氣泡也只是跟著打轉，並沒有融合效果。

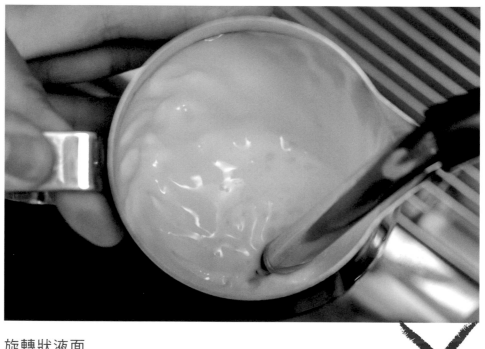

旋轉狀液面

進階練習

在基礎階段練習中,已經能掌握水流特性後,就可以進階到實際用牛奶蒸打奶泡。整個蒸打的過程中,發泡階段會在一開始,所以初期會有最多的起泡聲音,而隨著奶泡體積的增加,會讓發泡成間斷性的產生,當奶泡發到一定程度後,蒸氣頭會被埋進奶泡之中,就不會再有發泡的聲音,也會轉為較悶的聲音,這時候只要將牛奶溫度加熱到適當的溫度範圍,即完成奶泡的製作。

傾聽蒸打時聲音變化

蒸奶時蒸氣頭埋進的深淺,可以控制引入牛奶的空氣量。引入的空氣量不同,也會反應在聲音上。

「每次在練習時,可藉由聲音的種類跟大小聲來判斷,蒸氣噴頭埋進水中的深淺是否一致。」在引入適量空氣時,所發出的聲音會是比較平緩的。而一次引入大量空氣時,所產生的聲音會較為急促、也比較粗糙。若能分辨聲音的不同,將會是個不錯的輔助幫手,發泡量的掌控會更精準。

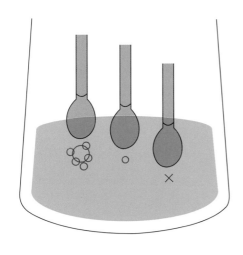

蒸氣噴頭愈靠近牛奶的表面,就能產生愈多的奶泡、聲音也愈大聲。相反的,要是蒸氣頭埋進液面太多,能引入牛奶裡的空氣較少聲音也會愈小,甚至聽不到起泡的聲音。

觀察液面膨脹的高度

　　要是在初期對於聲音的分辨，還不是那麼敏銳，也可以藉由觀察液面漸高的程度，來掌控牛奶發泡的比例。隨著奶泡的發起，體積的膨脹使液面的高度慢慢升高。

　　一開始中心產生的奶泡一定會大小不均的情況，當蒸氣頭位置選定後，此時注意的重點是液面是否產生均勻轉動，並且漩渦的中心也有持續的將奶泡捲入牛奶之中，如果有，那就不需要再變動蒸氣頭的位置了，因為任意移動的過程很容造成多餘的奶泡產生。

蒸打基本步驟

① 蒸前放氣

② 將蒸氣管就定位、蒸氣開啟

③ 產生奶泡並使液面呈現漩渦狀

④ 觀察融合了空氣而漸高的液面

⑤ 持續融合直到溫度到達目標

⑥ 隨即關掉蒸氣，完成

⑦ 蒸後放氣

⑧ 清潔蒸管

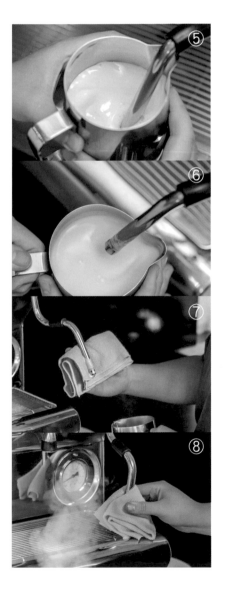

> " 良好的清潔習慣，也是身為一個Barista必備的技能。 "

蒸打結束後要立即清潔蒸氣管，蒸後放氣將蒸管內的殘奶釋出，並用半濕毛巾擦拭蒸氣管，以維持蒸氣管外部保持乾淨。

揭開蒸奶的品質與穩定性

> " 品質良好的咖啡牛奶應具有柔滑的質地，當被湯匙推開時奶泡仍能維持基本的流動性。 "

蒸奶的流動性可由被湯匙撥開的泡沫回復力（恢復的程度），以及被推開的奶泡是否具有彈性做為品質的判斷依據。將湯匙由杯緣向前劃過，揭開奶泡流動性的好壞，湯匙不能夠推到底，只能推至中間。

流動性好的蒸奶

❝ 流動性較好的蒸奶在被湯匙推開的時候，會發現周圍的奶泡會往撥
空的地方回復。 ❞

　　並且在湯匙推至中心之後向上拉起時，能感受到奶泡具有一定的
彈性，所謂的奶泡彈性是要能夠立起又能隨即恢復的狀態。蒸奶的流
動性和泡沫結構是否穩定有著直接關係，不穩定的蒸打過程、奶泡蒸
打太厚或是發泡不足太過水狀的奶泡，流動性都會不佳。

具流動性的蒸奶　　發泡比例恰當、融合充足

流動性較差的蒸奶

" 　觀察在被推開的過程中，如果周圍的奶泡不太往被撥開處回復，那便是失去流動性的奶泡。"

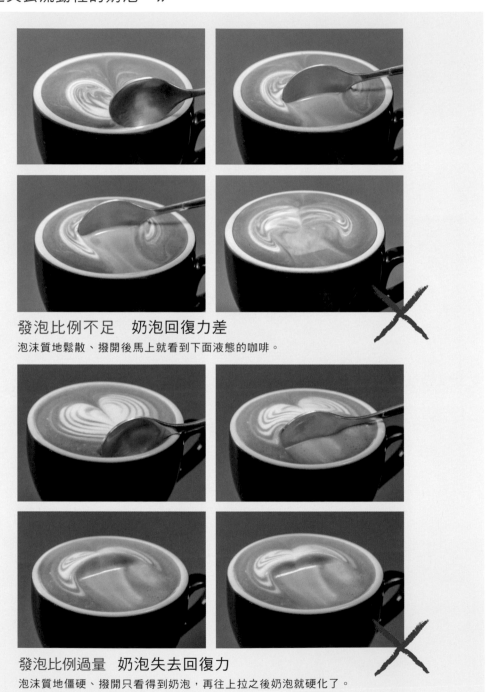

發泡比例不足　奶泡回復力差
泡沫質地鬆散、撥開後馬上就看到下面液態的咖啡。

發泡比例過量　奶泡失去回復力
泡沫質地僵硬、撥開只看得到奶泡，再往上拉之後奶泡就硬化了。

發泡適量但融合不足　奶泡回復力差

撥開雖能感受到一定份量的奶泡，但卻不具回復力，
這是因為融合不夠造成泡沫結構的不穩定，某種程度上雖能打出光滑的外表，
不過喝進嘴裡卻缺少了那份柔滑的質感。

　　很多人誤以為蒸奶流動性靠得是較少的發泡比例，事實上並不
是如此，蒸奶的流動性好是來自於裡頭的牛奶泡沫細小而且穩定的緣
故，如果蒸打出的奶泡沒有流動性，那喝起來便不會有滑順的口感
了。

Chapter 4

蒸奶與咖啡的融合

融合是讓咖啡牛奶美味的祕訣，咖啡牛奶的美味不單單是咖啡加上牛奶的甜味，而是由咖啡和蒸奶充分結合後所帶出的甘甜與滑順口感，因為蒸奶的融入讓咖啡的風味得以展現出不同的特色。

隨著蒸奶融入方式的不同，所形成飲品的風味也大不相同，「蒸奶與咖啡相融合均勻，才能夠呈現飲品的均衡風味。」融入蒸奶時適度的保留濃縮咖啡的Crema，讓人在品嚐時不光是享用到咖啡和蒸奶融為一體的狀態，也還能感受到濃縮咖啡本身的風味與特色。

融合的技巧同時也是在為拉花圖案打底，打造顏色均勻的Crema與白色拉花形成鮮明對比，且有足夠穩定的泡沫基底才能撐起清晰的拉花。

融合方式影響風味和顏色對比度

融合的好壞可是攸關整杯飲品的風味表現！光是透過外表的觀察就能得知某種程度的資訊，在融合完成後若是Cream顏色分布不均，不只是外觀不美外、也難展現均衡風味，因為顏色也透露了咖啡和牛奶結合的狀態。

"
顏色均勻的Cream，會讓咖啡的味道和口感一致，同時也會提高拉花的對比度。 „

A中心融入

B繞圈攪拌

　　上方照片A、B兩組根據不同的融入方式，所形成的Cream色澤不同，風味表現當然也不同。

　　B組在融合時是以繞圈、擾動的方式將蒸奶注入，可以看到表面上被攪散的Cream中帶有乳白色牛奶線條，這種色澤在飲用時比起咖啡，牛奶的風味較為突顯。

　　A組方面是以中心定點融入蒸奶的方式，不攪散表面Cream，因此Cream顏色均勻、拉花所呈現的顏色對比度也高，而且保留較多Cream，能增添飲用時咖啡風味的感受度。

融合目的在於均勻的結合

蒸奶融入時必須給予一定的力量，使蒸奶和濃縮咖啡完整的結合，因此融入時別讓奶泡留在Crema之上，務必將蒸奶穿透過Crema充分地融入咖啡之中，將蒸奶由適當高度注入，會使得奶泡穿透容易的多，這些融合均勻的泡沫會從Crema下方形成一股撐托的力，讓白色奶泡能輕易地浮在表面成形，使得拉花黑白對比更為顯眼。

"
穩定的流量與適當的高度，可說是注入蒸奶的重點。
"

在融合時，應該要以平穩且細小的奶柱向Crema表面的中心均勻的注入蒸奶，避免蒸奶流量忽大忽小、不穩定，而使得融合不足、甚至將Crema沖散的狀況發生。

穩定奶柱品質的三大重點

牛奶柱的品質是咖啡融合的關鍵，好的牛奶柱能給予分子間結合的力量，注入時應該是平穩而持續的進行，這麼一來蒸奶才可以和咖啡均勻地融合。

①握法與施力點

　　其實握的方式並沒有特別限制，只要能抓穩鋼杯即可，能用輕鬆、順手的手勢扣著，唯一要注意的是，鋼杯別握得太緊，手掌放鬆讓鋼杯能穩定的傾斜，奶泡才能夠順暢的流動。不論是何種握法，握的位置落在拉花鋼杯嘴部對稱的彼端，能較穩定的控制由杯嘴倒出的流量，初學者可以示範圖例中的握法著手練習，用大拇指輕扣握把的平台、其餘四指圈著把手，以姆指下壓施力作小幅度的倒出、控制細小一點的流量，而要倒出大一些的流量則需要運用手腕關節。

②匯集蒸奶

　　傾注的時候，大拇指壓住平台，使拉花鋼杯前傾，將蒸奶匯集至杯嘴呈表面張力，然後再迅速地倒出，這個匯集的動作是為了確保最上層的奶泡能先被帶出，而不是最底部的牛奶，要是牛奶先被倒出，那麼就會造成蒸奶與咖啡混合的難度。

拇指下壓　　　　　**匯集蒸奶**　　　　　**迅速倒出**

③適當的穿透力

融入的重點不在於強力的沖勁，而是蒸奶與咖啡結合的完整度，因為太強的衝力可是容易將Crema沖散，而衝力太小的奶泡穿透力不足，會容易堆積在Crema上方。

"
奶柱的穿透力來自於適當而且穩定的流量。
"

流量適當，穿透力佳 ◯

流量適當，穿透力佳 ◯

流量太小，穿透不足 ✕

流量太大，沖力過強 ✕

第一階段練習

　　此階段練習的重點在於能穩定控制倒出的奶泡流量，可以先用清水做練習，將鋼杯拉高將水注至杯中的水裡，注入時流量不能忽大忽小、更不能有中斷的情況產生，要平穩的進行，拇指要跟著下壓鋼杯前傾以維持流量。

"
　　平穩進行注入時，液面是不會有氣泡產生的現象。
　　　　　　　　　　　　　　　　　　　　　　　"

　　反覆練習到能控制流量的穩定，便能減少注入時所產生的氣泡量。

第二階段練習

    用蒸奶在練習時，大致上與第一階段相同，保持穩定的流量，倘若注入的流速忽快忽慢，或流量一下大一下小，都容易將Crema沖壞造成顏色分佈不均，表面也容易有氣泡產生，注入的蒸奶要能持續的穿透過Crema並將Crema牽引至底部，達到最大的融合效力。

    " 穩定的注入蒸奶時，Crema會朝著注點匯流而下，

    注入完成時Crema的顏色應該要平均分布。 "

融合常見問題

狀況 1

若注入的流量太小、不穩定，而使得奶泡穿透的力量不夠，注入的奶泡會容易堆疊在表層，這種情況發生時，會發現表面顏色有深咖啡也有白、Crema中散落著斑駁的白色奶泡，還有奶泡在表面拍打所產生的氣泡，這都意味著奶泡和咖啡並沒有完整的融在一起。

狀況 2

不過，融入蒸奶的穿透力也不是說愈強勁就愈好，要是注入的高度過高或是奶泡流量太大，很有可能在完整融合前就將Crema給沖散了，注入高度太高使得衝勁過強，奶泡容易由杯底回濺而翻破表層的Cream，可以看到整體偏牛奶乳白色的樣子而且顏色不太均勻，這樣情況同樣會造成飲用時口感的不均衡。

狀況 3

我們可以看到表面上有兩個白色的區塊，這是由於注入的位置太靠近邊緣，一直固定在某側，導致衝力不平均而使奶泡從另一側翻破表層的Cream，這樣也會造成奶泡的分布不平均。

狀況4

一開始注入的高度不夠或是注入的奶泡量給太多，導致在初期就有顏色不均的情況產生時，使得白色奶泡漂浮在Cream上、將Cream給沖淡，當下解決的方式只要將注點位置移動至顏色較淺的地方或是奶泡浮現處，即可再將白色奶泡引入Cream中融合均勻。

蒸奶與咖啡最佳的融合時機

"
蒸奶維持在滑潤的濕性奶泡狀態最容易與咖啡結合，且高
流動性的階段也是最好展現拉花的時機。 "

因此奶泡在完成後，務必要有效率的與濃縮咖啡融合。
在先前奶泡章節就有提到過，泡沫會隨著時間分離變硬，雖
說奶泡蒸打得好，分離速度會沒有這麼迅速，但快速而有效
率的融合，的確能提高品質的完整度，要是在濃縮咖啡煮完
後，擱置一段時間才將奶泡注入，也會使得Crema分離而徒
增融合均勻的困難度，尤其是使用剛烘焙好的豆子，Crema
分離的情況會更為顯著。

基於種種的因素，咖啡與蒸奶最佳的融合時機，就是
在濃縮咖啡和蒸奶都剛完成的時候。因此，當我們在萃取濃
縮咖啡的同時，就要著手進行蒸打牛奶，這是最有效率的做
法，能製作出最美味的咖啡牛奶供人享用。

Chapter 5
咖啡拉花實作

拉花成形的起始

　　白色小圓點是所有拉花的起點，也是控制奶泡浮在表面的基本功，一個小圓點可以慢慢堆成一個大圓形、也能拉長變成線條，光是這樣的點和線搭配上不同技巧的運用，就能創造出許多有趣的圖形。

　　在融合階段的練習，如果你仔細觀察接近滿杯時的咖啡，就會發現當咖啡上升到達一定高度的時候，表面會漸漸呈現白色狀，這是由於融合均勻的泡沫在Crema下方已經形成了足夠的撐托力，讓注入的奶泡能輕易地浮起，所以當蒸奶注點處漸漸浮出暈開狀的白點時，就是拉花成形的時機了！

拉花形成的困難

　　有些人在拉花的過程中會碰到「明明融合達到可以成形的高度，但好像怎麼用力晃動鋼杯，就是晃不出來白色的奶泡？？」這是因為注入的奶泡向下的沖勁太強所致，鋼杯所注入的高度距離表面太遠，在重力加速度之下，奶泡還來不及停在表面，就被強勁的沖力給帶往底部，想要拉出花樣也就不容易了。

　　就讓我們透過照片中的實例更加仔細地觀察吧！在注入蒸奶時，隨著咖啡越往上填滿，鋼杯和咖啡的距離縮短，白色奶泡開始浮出表面，而當圖形應該堆得更大的時候，剛剛成形的白圈奶泡卻愈變愈小，怎麼一回事？這是由於在拉花時犯了不自覺地將鋼杯提高的錯誤，鋼杯的提高，增加了奶泡下衝的力量，圖案也就被愈沖愈小了。

減緩衝擊力使黑白分明

　　如果在適當成形的時機點，將拉花鋼杯放低，甚至讓鋼杯嘴部貼近咖啡表面，就會發現奶泡直接浮現一整片白色狀，實際比對一下兩張照片，杯裡的咖啡高度皆相同，都剛好是在奶泡浮出的起點，而鋼杯所倒出的流量也都相同。

> 讓拉花清晰的關鍵就在於鋼杯與表面的間距，只要能縮短兩者的距離，奶泡就容易在表面成形。

　　當要拉花時若是將杯子打斜，有助於縮短鋼杯與表面的間距，使杯嘴接近拉花面成形。要練習到每次出手都能確實的出現白色奶泡，精確的掌握這個成形的關鍵，讓拉花更有效的呈現黑、白、分、明。

適當的拉花時機

　　所謂的拉花時機，必須取決於想拉的圖形複雜度與大小，若想要繪製的圖形較大、較複雜時，就需要多一點的作圖空間，建議在融合至五分滿時，就將拉花鋼杯的嘴部靠近咖啡表面，使拉花成形。

　　不過杯嘴能接近表面的時機與所使用的杯型有關，一般來說，高深、窄口的杯型（像是馬克杯、外帶杯等），會需要比較高的融合比例，建議要融合至六、七分滿，要不然當要進行拉花時，會因為鋼杯嘴與咖啡表面距離太遠，奶泡高穿透的力量讓拉花無法形成。而使用寬口型的矮杯，由於杯口寬廣，鋼杯能輕鬆的縮短與咖啡間的距離，也因為如此，使用寬杯便能早一點開始進行拉花，若是想繪製精緻的圖形時，寬口杯會是不錯的選擇！

注入的高低差

　　拉花的技巧與融合技巧恰好相反，融合時由高處注入的奶泡，由於高低落差，增加了奶泡向下的衝擊力，使奶泡不會浮起而是向下被帶入Crema中與咖啡結合。

　　若牛奶是從較低的高度注入，就能減緩奶泡向下的衝力，讓質地較輕的奶泡浮起，在咖啡表面上形成清晰的白色線條，因此當要拉花時，拉花鋼杯嘴應該要降到最接近咖啡表面的高度。

牛奶柱的粗細與角度

　　延展力與穿透力和角度間的關係，融合時要用細小的牛奶柱注入，角度愈趨近垂直時，向下的穿透力可以達到最大。相反的，要是用粗一點的牛奶泡注入，牛奶柱與液面夾角縮小，穿透力的減緩使得向平面推擠力量增大，奶泡也就愈容易在表面擴張成形。

　　因此想要做出乾淨、對比鮮明的拉花，就要拿捏好鋼杯嘴與咖啡之間的相對位置。

“
　　融合的時候，由高處注入細小的牛奶柱與咖啡結合。而拉花時則要把鋼杯放低，使奶泡量變粗在拉花面上堆疊成形。
”

融合時，高而細

拉花時，低而粗

點、線、面的變化

　　拉花都是由「點」開始的，可以把「拉花的原形」看成是一個圓點，當我們持續的在原地注入奶泡的時候，奶泡會一層一層的向外堆疊，然後小圓點漸漸的就擴展成一個大圓形。

　　而要是我們在注入奶泡的同時不停地向兩側、向後移動注入的路徑，一個個小圓點連綿不絕的就串成線條的樣子了。

　　拉花就是由點和線構成的圖面，結合不同的倒入技巧，便能創造出多變的圖形。

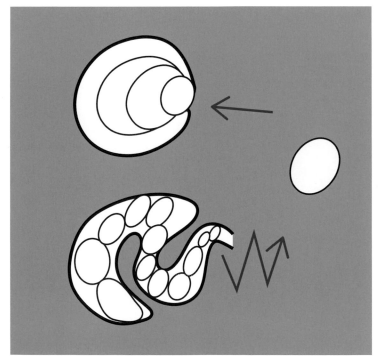

堆疊的點與移動的點

展開的位置與圖形之間的關聯

　　在融合完成後，就可以依照自己想畫的圖形，決定下筆的位置，不同的拉花圖形各自有合適的作圖位置。右頁下方照片中的三杯咖啡，都是經典的葉形，看起來卻有些微差異，這是因為開始展開的位置不同，使圖形發展出不同的形態。

　　一般來說注入的位置在液面中心時（B），做出來的圖形比較勻稱，這是因為中心與杯壁間的距離相當，在拉花穩定擴展的過程中，線條向前推擠與向後包覆的力量不相上下，圖形就會發展得比較均衡（b）。再來，要是由中心在往前一點的位置（A）開始拉花，相對來說能夠向後延展的空間就越大，做出的圖形比例就可以拉長一些（a）。而要是開始拉花的位置還不到中心處（C），圖形向後延展的空間有限，因此容易向兩側發展、也較容易形成包覆狀，不過圖形也會相對較小、偏寬（c）。

　　在瞭解起始點與圖案間的關聯性後，即使是相同圖形也能做出不同的風格，也可以依照自己想做出的形態而應用。

a 起點在過中心偏前的位置

b 起點在中心

c 起點偏後,不及中心處

收尾的技巧

"
當圖形接近完成時,將鋼杯拉高,讓牛奶泡能再次穿透表面,劃過
圖形做最後的收尾。
"

　　有沒有覺得很熟悉?其實收尾跟融合的動作有著相同的技巧,都是藉由奶泡的穿透力達到目的,隨著提起的鋼杯使奶泡向下的衝力增強,就能將圖案切割、變形,像是將串連的線條從中切半成葉形或是由線條邊緣收成翅膀的圖樣等等,這些都是透過牛奶柱的穿透力,在圖案上面以「無形」的方式做圖,意即不在表面產生奶泡的方式改變圖形,無形跟有形之間的掌控,在於倒出的奶泡有沒有穿透的力量。

　　若想呈現完美的拉花,收尾也是一大重點,必須專注的掌控奶泡的穿透力直到圖形完成。照片(1、2)中當葉型的圖案快要完成時,就會運用到收尾的技巧,在適當高度下,有穿透力的奶泡才具有切割圖形的功能。倘若收尾時鋼杯未提起或是提起的高度不夠,則奶泡的穿透力不足,做出的葉子中間就會有一道粗梗葉脈(3)。鋼杯也不要一下子拉得太高,那會使奶泡沒有力收尾。

粗梗葉脈

收尾時奶泡的穿透力不足

拉花基本圖形 ————
心形

由點到圓、收成心

我們將運用前文所學的基本技法，延伸到不同的拉花圖形中，心形的拉花以圓形為基礎，在奶泡原處形成適當大小時，將鋼杯提起、向前畫過圓的另一側即可完成。心形的重點在於圓形的堆疊和最後收尾部分，前面的基本功如果已經將圓形熟練，接著只要抓準收尾時機就能拉出俐落的心形了！

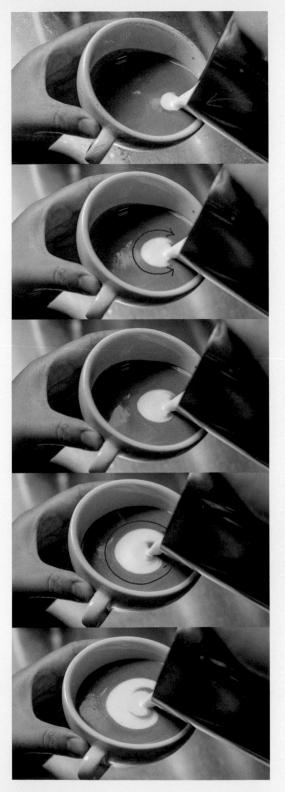

由點推成圓形 步驟拆解 ▶

1

在融合完成後,將杯子打斜,找到圖案的起始點。將拉花杯嘴盡可能的貼近Crema表面,進行拉花。

2

當白色奶泡在堆疊時,要維持穩定的流量,奶泡範圍才會跟著變大。

3

堆疊的奶泡漸漸地由外圈擴展並向後包圍。隨著杯裡越盛越滿,杯子也要跟著回正。

4

持續穩定地注入蒸奶,待圓形包覆成適當大小時或接近注滿杯(9分滿)時,就要準備收起心型的頂端了。

圓形收成心形 步驟拆解 ▶

5

收尾時要將奶柱縮小，一邊向圓的中心移動。維持相同的鋼杯傾斜度，稍微將拉花鋼杯提起，再往前移動。

6

維持奶柱穿透力持續拉至圓的底端。

7

從圓底部拉出心形的尖端。

8

拉至適當尖尾成形，隨即將奶泡收起，心形完成。

收出俐落的心形尖尾

" 掌握收尾的時機，鋼杯不要一下子提得太高。 "

因為像心形這種奶泡面積範圍大一點的圖形，需要相對應的奶泡流量，才能拉動厚實的圓變形，在收尾過程中，需要觀察圖形有沒有確實地被牛奶柱所帶動。

收尾的時後要將奶柱縮小，可用相同的鋼杯角度，將鋼杯拉高再往前劃過，熟練後可以在畫過的同時將奶柱縮小，這樣能避免鋼杯往上提起的過程，將前面費心形成的圓衝往底下，導致圓下陷而變小。

" 在收尾時如果沒有縮小奶柱就會完全變形，圓形會被拉長成橢圓或凸出一小塊白色。 "

鋼杯若是一下子提得太高，太細的奶柱是無法拉出俐落的尖端，可能會做出一顆有著細長尾巴的圓。

" 直到被勾勒出適當大小的尖端後，就要迅速的將奶泡收起。 "

要是再收出尖端後仍持續注入奶泡，會因為注入的時間過長，增加了奶泡衝力反而會使圖形下陷、變形，收尾時要專注在尖端的形狀變化做調整，才能做出一顆漂亮的心形！

拉花基本圖形 ———

雙層鬱金香

兩個圓、串成花

　　當熟練心形拉花之後，可以開始練習多層次的鬱金香拉花，用奶泡在Crema上堆疊出一個又一個的圓形，然後再運用收尾的技巧把一個個圓形串起。每次在形成圓的時候，藉著融合均勻且尚有流動性的Crema表面，使注入的圓形向前滑行，每次都要堆疊出扎實的白色圓形，抓準奶泡浮現的時機。第一次挑戰建議先從兩層鬱金香著手。

堆出兩個圓形 步驟拆解 ▶

1

在融合完成後，將杯子打斜，找到圖案的起始點。將拉花杯嘴盡可能的貼近Crema表面，進行拉花。

2

當白色奶泡在堆疊時，要維持穩定的流量，奶泡範圍才會跟著變大。

3

直到白色圓確實形成，這才將鋼杯提起，收起奶泡，接著將鋼杯嘴向後退一步。

4

第二次注入，用相同的奶泡量和高度向前推擠，使第二個圓成形在上一個圓的後面。

5

同時記得隨著容量漸高，杯子也要跟著回正。直到杯子漸滿時就要抓緊時機收尾。收尾時要將牛奶柱縮小，稍微將拉花鋼杯提起，再往前移動。

6

維持相同的鋼杯傾斜度,持續往前移動收尾。

7

維持奶柱穿透力持續拉至第一個圓的底部。

8

拉至適當尖端成形,隨即將奶泡收起。

9

雙層鬱金香完成。

拉花基本圖形 ──────

三層鬱金香

　　在兩層鬱金香熟練之後，可以試著練習多加一層，層
數的增加需要前面兩層的節奏加快，才有時間去完成最後
的心形。

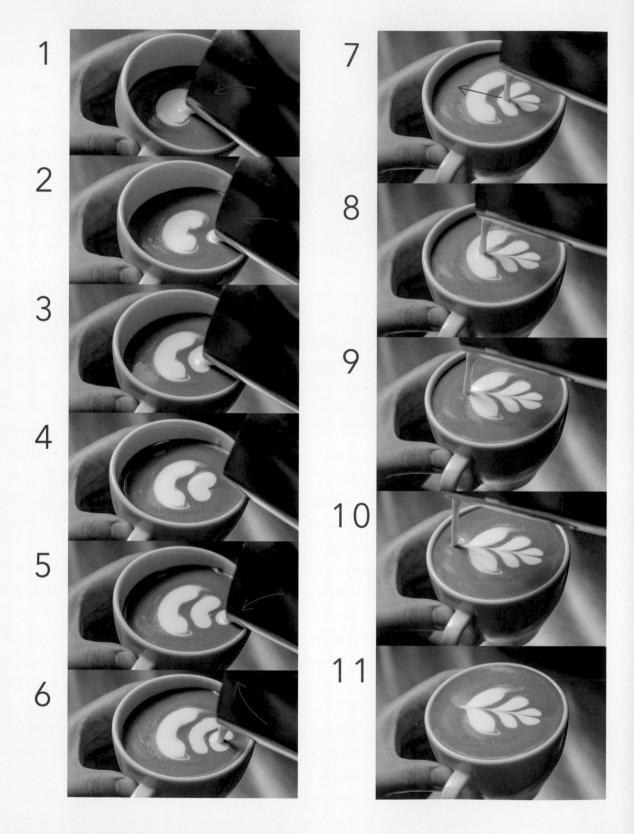

咖 啡 拉 花 技 術 大 全

拉花基本圖形 ————
多層鬱金香

　　接著，可以慢慢的練習增加層數，愈多的層數需要愈高的靈活度，所需要作圖的面積增大，開始拉花的時間要稍微提早，要維持拉花時最佳的流動性，每增加層數時節奏上也要跟著加快，避免因為分段將拉花時間拖長，要是奶泡硬化就會產生較難推動的情況。為了做出段落分明的鬱金香，需要靠節奏和奶泡量的穩定，注意每次下手的位置，並且留意在每次推入新圓時，與上一個圓之間的間隔，試著讓每一個圓之間的寬度一致，最終圖形的呈現會更有層次感！

拉花基本圖形 ——
變奏鬱金香

　　當多層數鬱金香也熟練之後，我們還可以嘗試挑戰組合層的鬱金香圖形，運用鬱金香推擠的技巧把一個又一個的圓疊合在一起，被推擠的圓會向後包覆合體成更大的圓，三個圓堆一層、兩個圓堆一層再一個愛心串起，當疊到層級目標後，要相隔多一點的距離，再組合下一個大圓，使層與層之間產生明顯的段落分界。

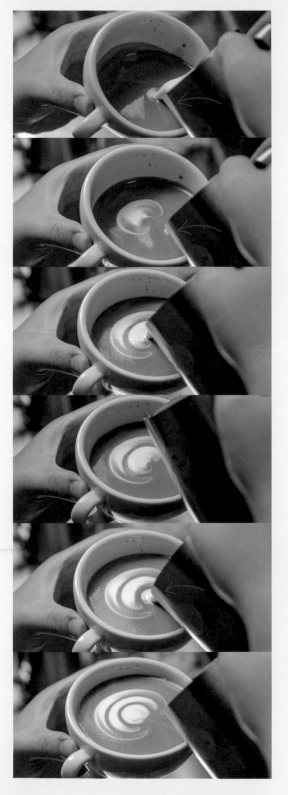

三個圓堆合成大圓 步驟拆解 ▶

1

融合完成後,
將杯子打斜、找到圖案的起始點。

2

穩定流量,讓白色奶泡堆疊成圓。同時
移動鋼杯將白色圓推過杯子中心即可。

3

接著以相同方式將第二個圓向前推擠,
直到第一個圓向後包覆住推入的圓,才
算完成第二個圓。

4

第三個圓也必須推入前兩個圓之中,才
算完成第一個層級的大圓。

5

再來要推入的圓即是第二個層級，層與層間的距離要比層中的間隔大一些。

6

將第五個圓向前推擠，直到上一個圓將其包覆便完成第二層級。

7

接著再倒入第三個層級的圓，別忘了要做出層層間的分隔。

8

待最後的小圓也成形後，將奶柱縮小，進行最後階段收尾，完成3-2-1層組合鬱金香。

4-1層收尾串起

每次出手都要確實將圓推到位，既然三個圓組合一層也成功了，就接著挑戰更多的層數吧！

拉花基本圖形 ———
洋蔥心

　　前面的圖形都是在練習白色奶泡堆疊的技巧，但接下來呢我們要用線條，一層層推擠成心形，我們把它稱之為洋蔥心。洋蔥心是控制奶泡穩定搖晃的起點，也是拉出葉形的基本功，都是運用晃動鋼杯的技巧，使不斷倒出的小圓點能夠延展成線條。洋蔥心在同一個位置持續晃動使得表面產生向外擴展的紋理，而倒出的線條也就跟著紋理向外展開。不斷向前堆疊的奶泡，被推擠後會順著杯緣向旁展開，然後向後包圍成圓，最後再像心形收尾一樣，就變成洋蔥心了！

由線條包覆成圓形 步驟拆解 ▶

1

在融合完成後，將杯子打斜，找到圖案的起始點。將拉花杯嘴盡可能的貼近Crema表面，晃動拉花鋼杯使白色奶泡浮現。

2

持續的在原位晃動鋼杯，使白色線條不斷晃出。

3

奶泡形成一層層的線條推疊，往前堆疊的線條逐漸向外擴展並向後包圍。隨著杯裡愈盛愈滿，杯子要跟著回正，才不會溢出杯外。

4

持續晃動直到最外圍的線條，開始向內回包呈現適當大小的圓形時，或接近注滿杯（9分滿）時，就要準備收起心形的頂端了。

5

收尾時停止晃動、仍持續注入蒸奶,將
拉花鋼杯稍微提起,向圓的中心移動。

6

維持奶柱穿透力持續拉至圓的底端,由
圓底部拉出心形的尖端。

7

拉至適當尖尾成形,隨即將奶泡收起。

8

洋蔥心完成。

該怎麼晃線條才不會黏在一起

晃動的技巧不只是搖動鋼杯，而是要晃動鋼杯裡的奶泡。想要順暢地晃動拉花線條，那得先學會把鋼杯抓好！

"
拇指hold住平台位置，其餘手指圈著就好、手掌的工作就是放鬆。
"

要是手掌心握得太緊，反而會讓奶泡無法晃動，拇指扶著平台處的主要用意是使奶泡擺動方向能固定，利用圈住的手指頭可以做出小幅度的擺動，也可以用手腕做出大幅度的甩動。

關於握的方式，只要握的舒適、能固定奶泡擺動的方向、又能穩定奶泡流量，其實任何握法都可以。

> 晃動時要維持穩定向前推動的力，奶泡的流量就要穩定供給。

　　奶泡流量太少會沒有向前推的力量。奶泡流量一次給太多，則容易因為下衝力量過強使得拉花下沉。

> 要留意在晃動時，左右的幅度跟頻率有沒有一致。

　　晃動時就要像個鐘擺，才能做出乾淨的線條。要是左右晃動的擺幅不一，奶泡向前展開的力量不均衡，就會使得圖形歪斜，且晃動不均所產生的線條也容易黏在一起。

晃不平均
葉形線條一邊黏在一起、圖形歪斜

晃動均衡
葉形黑白對比分明、左右對稱

拉花基本圖形 ———
葉形

　　要做出葉形拉花不難，只要晃動和移動便能使線條成形，但是要拉到好看，要注意的條件可不少，包括左右擺動的頻率以及幅度是否相同、向後移動的速度有沒有穩定、奶泡的流量控制、奶泡注入高度是否適當等，當這些條件各個到位，才能構成黑白分明、左右對稱的葉子。一開始先從黑白分明的葉子為首要目標，在原位晃動的洋蔥心熟練後之後，可以練習有展開的葉子和沒有展開的小片葉子，兩種葉子的差別在於向後移動的時間點不同，造成奶泡向前擴展程度不同，而產生兩種型態的葉子。

包覆形葉子　　　　　　　　　　　沒包覆的小片葉

拉花基本圖形 ———
包覆形葉子

　　第一類是有包覆型態的葉子，也是洋蔥心形的延伸，同樣的一開始都是在原位晃動，使線條不斷向前擴展，直到白色線條開始向後包覆起來時，才順勢往反方向移動，藉由向後移動的路徑將葉片拉出。

洋蔥向後拉成葉 步驟拆解 ▶

1

融合完成後，找到圖案的起始點。向左右兩側晃動拉花鋼杯使白色奶泡浮現。

2

持續地在原位晃動鋼杯，讓白色線條不間斷的被晃出。穩定的晃動使奶泡線條一層層的向前推疊。

3

往前推疊的線條逐漸向後包圍。

4

直到堆疊呈現半圓狀時，鋼杯就要開始向後方移動並維持續晃動，呈現Z字形路徑。

5

持續地 Z 字路徑，晃動使葉片數量增加。

圓形收成心形 步驟拆解 ▶

6

晃到葉片已接近杯緣或注滿杯時（9分滿），就要準備收尾。

7

收尾時停止擺動先將奶柱縮小，然後向著葉子的開端前進。

8

維持穿透力，由開端處拉出尖端後，隨即將奶泡收起。

9

葉形完成。

常見問題

杯子導正的速度快過於注入奶泡的速度，會產生線條中斷的情況，這是因為鋼杯嘴與液面突然產生了高度差，而使注入的奶泡增加下衝力的現象。練習時請留意鋼杯嘴與液面間距，應維持適當成形的距離，配合奶泡注入的速度，調節杯子導正的節奏，讓拉花可以更有效的呈現。

拉花基本圖形 ——
小片葉

第二類的葉子是沒有包覆的，因此在一晃動出白色線頭後，就要馬上往反方向移動，白色葉片便會隨著移動的路徑上色。

小片葉成形 步驟拆解 ▶

1

融合完成後，找到圖案的起始點。向左右兩側晃動拉花鋼杯使白色奶泡浮現。

2

晃出白色線頭後，鋼杯就要隨即向後移動，呈現Z字形路徑。

3

移動時要注意維持奶泡量，才能繼續拉出線條。

4

持續地晃動並向後退呈Z字路徑，隨著杯裡漸漸盛滿，杯子要跟著回正。

5

待圖形呈現適當大小時或葉片已接近杯緣時，就要抓緊時機收尾了。

6

收尾時停止擺動、將奶柱縮小，將拉花鋼杯稍微提起，然後向葉子的開端前進。

7

由開端處拉出尖端後，隨即將奶泡收起。

8

小片葉形完成。

奶泡的流動與風格葉形

　　每個咖啡師在拉花的時候，倒入或晃動奶泡的節奏、注入的時間長短、以及奶泡注入的流量、流速都稍有不同處，因此即便是相同的圖形，每個人所展現的風格都不盡相同，這也是拉花有趣的地方！

　　在基礎圖形中的葉形，由於奶泡往反方向移動的時機點不同，使葉子發展出截然不同的兩種形態。而調節奶泡往反方向移動的快慢，也會使葉形長得有所差異，一般來說向後移動得速度慢，葉片與葉片的間隔較小，可以做出比較茂密的葉子。而另一方面，向後移動快速所形成的葉子，除了葉片間隔較寬之外，還有一個明顯的特色，就是葉子的形體會比較瘦長。

間距窄的茂密葉形

寬間隔的長型葉

接下來，先請各位仔細地觀察下方兩張照片，兩張照片其實都是有包覆形的葉子，但看起有些許不同處，仔細比較葉片可以發現，照片1的葉片是扎實的白，而照片2，白色葉片的中間卻出現黑色的區塊，像這種空心的葉片，我們稱它為「包心葉」，而為什麼葉片會有這樣的差別？

　　這是由於鋼杯前傾與左右晃動的節奏不同，使得奶泡流狀產生變化，展現出不同個性的線條，照片1中的拉花在形成時，奶泡左右晃動的速度不及向前的流速，使得鋼杯裡的奶泡向前流動順暢，做出來的線條粗細會比較一致。而包心葉恰好相反，奶泡向左右晃動的速度快過於奶泡的流速，於是行進中的奶泡就被甩動到鋼杯嘴兩側，做出來得線條就會呈現兩側寬、中間細的狀態，最終的葉片就會有空心的效果。換句話說，在維持相同奶泡量下，只要在注入奶泡時加速晃動或是將晃動的擺幅加大，快速地將奶泡甩動到兩側，就能做出包心型態的葉片了。

實心葉片

包心葉片

拉花
進階圖形

變化、組合圖形

　　大部分複雜的創意拉花，其實都是由基本圖形，重新排列組合，變化而成新的圖形。穩定拉花動作的熟練度、蒸奶由適當的高度倒出、倒出份量剛好的奶泡、讓白色的奶泡與Crema呈現黑白對比分明，每個步驟都是相當重要的基本練習。

　　在熟練基本的圖形之後，你也可以開始隨個人的想法靈活運用，嘗試將不同的元素結合，接下來的部分，將示範幾個由基本圖形衍伸的變化圖以及組合圖形。

拉花進階圖形 ———
慢速漂流葉

　　藉著穩定的流量與不斷地移動的鋼杯,將慢慢成形的S形收成葉子形狀,第一次嘗試慢葉可能會有點不習慣,因為這與先前快速晃動形成的葉片很不同,做法是鋼杯不做晃動,靠的是奶泡的流動性以及手臂大範圍的移動鋼杯,將奶泡慢慢的拉出寬一點的線條。

慢葉成形 步驟拆解 ▶

1

融合完成後，找到圖案的起始點。

2

注入直到白色線頭浮現後，隨即向左右兩側小範圍的移動鋼杯。一開始靠著流動性放出的線條，隨著穩定的流量會自然向前移動，此時，路徑只要做左右移動就好。

3

持續左右移動直到線條流動的速度漸漸慢下來，或是線條不再往前滑行時，鋼杯才開始向後移動，路徑由左右轉為大一點的S字型，並且由大到小。

4

愈到後半部移動的速度要愈加快，以維持奶泡流動性。

5

待葉子越趨成形，就要準備收尾。收尾時停止擺動、將奶柱縮小，稍微提起拉花鋼杯然後向葉子的開端前進。

6

由開端處拉出尖端後，隨即將奶泡收起。慢葉完成。

小提醒

速度是控制線條粗細的關鍵之一，前傾鋼杯穩定奶泡量，與移動的速率配合下才能使線條粗細一致。當相同的流量下，鋼杯移動的速度愈快，所呈現的線條就會愈細，反之線條則愈粗。

拉花組合圖形 ————
鬱金香與慢葉

　　運用慢葉的技巧，拉向左、向右巧妙的控制奶泡的流動性，讓線條向兩側展開並向前擴展。在挑戰成功慢葉圖形之後，也可以結合鬱金香技巧做出簡單的組合圖，那就先從頂端推出一顆實心開始吧！

慢葉前段漂流成形

A步驟拆解 ▶

融合完成後，找到圖案的起始位置，注入蒸奶直到浮出白色線頭，便快速的向左右兩側小範圍的移動鋼杯。一開始蒸奶靠著高流動性，放出的線條會自然向前移動，此時路徑只要做左右移動就能拉出弧線。

慢葉中段S成形

B步驟拆解 ▶

持續左右移動直到線條流動的速度，漸慢下來或是線條不再往前滑行時，鋼杯才開始向後移動，路徑由左右移動轉為大範圍的S形，使葉片逐漸成形，擺動S形直到葉片快接近杯緣時，便收起奶泡即完成慢葉部分。

頂上加鬱金香

C步驟拆解 ▶

在慢葉完成後,將鋼杯向後移動一個間隔再注入蒸奶,運用鬱金香的技巧將奶泡向前推擠,並且堆疊成適當大小的圓。

收尾串起鬱金香與慢葉

D步驟拆解 ▶

直到杯子漸滿時,就要抓緊時機收尾。收尾時要將奶柱縮小,才拉向慢葉底端方向前進,由底部拉出葉形適當尖端,便隨即將奶泡收起,鬱金香與慢葉完成!

拉花進階圖形 ———
天鵝

　　到目前為止將我們所學會的技巧們結合，就可以來挑
戰高難度的天鵝圖形了！天鵝圖形之所以難度較高，是因為
它不僅圖形路徑複雜，還需要多元技巧串連，一氣呵成才能
勾勒出活靈活現的形體。天鵝是一個很有趣的圖形，看上去
很複雜嗎？那就將它拆解成小一點的元素來看，就會簡單些
了，天鵝有著羽毛茂密的翅膀、微微上翹的尾巴、肥厚圓圓
的身體以及優雅細長的身形。

小片葉晃出茂密的翅膀

A步驟拆解 ▶

融合完成後，找到圖案的起始位置，利用
小片葉的手法，注入蒸奶直到白色線頭浮
現後就向後移動（向後退間隔愈小，做出
的羽毛會愈茂密）。

側邊收出翅膀、拉出尾巴

B步驟拆解 ▶

翅膀要由內側邊緣開始收尾。當翅膀收尾到
一半時，再次將鋼杯放低運用慢葉的技巧，
開始走一個大S形的路徑，運用節奏的快慢
使線條由細到粗，拉出天鵝上翹的尾巴。

堆出渾圓的身體、拉出脖子S曲線

C步驟拆解 ▶

拉出尾巴後隨即放慢速度，使奶泡停留推疊出圓厚的身體，在身體明顯成形之後才能開始向後移動（不然會是一隻沒有看頭的乾扁天鵝）。向後移動時加快節奏拉出細長優雅的脖子，此時，控制線條要由粗漸變到細。

勾出後頸、堆出心形鵝頭

D步驟拆解 ▶

S形的最後一個彎可別忘了，這裡要很快速的勾出天鵝的後頸。然後再次放低或停留堆出一個圓，最後像心形收尾一樣，拉出適當尖端形成嘴部就完成鵝頭了。天鵝圖形完成！

反轉天使翅膀

結合轉動杯子的方式，利用鬱金香反轉推動洋蔥心，使
翅膀展開。

轉杯技巧

在轉動杯子時，可以用手
指端著杯身下緣處，這樣
能輕鬆的做出大幅度的轉
動，旋轉杯子時只動手腕
和手指、手臂不動。

晃出洋蔥心為翅膀打底

融合完成後將杯子打斜，找到圖案的起始位置，注入蒸奶直到奶泡浮現稍微堆疊粗一點的線條，才開始向兩側甩動鋼杯做出細緻線條，如此一來便可製作出翅膀最邊緣的白邊，持續放出一層層白色線條，晃動至最外圍的線條開始向內包圍而呈現半顆洋蔥心狀，就要準備收尾了。

收尾時，將鋼杯稍微往前方帶動再收起奶泡，可以讓線條堆疊得更密集，接著運用轉杯技巧將杯子反轉180度。

鬱金香推擠展翅

進行鬱金香的步驟,由邊緣處滑向前方推擠洋蔥心,一層一層的將鬱金香堆疊出來。隨著不斷推擠的力量,會使洋蔥心底慢慢的反向包圍,使翅膀展開,接近滿杯時,就要準備將鬱金香收起,奶柱縮小向著另一端劃過,圖形完成。圖形愈到後半部愈要注意節奏的掌控,要是太慢使得奶泡流動性下降就會難以推動。

拉花組合圖形應用 ───

洋蔥心與鬱金香

　　此圖形為洋蔥心與鬱金香的組合，運用洋蔥心技巧晃出多層次的圓底，再用相同技巧晃出小一點的圓，接著用鬱金香的手法將各層級推出，洋蔥心底是常見的組合圖元素，隨著穩定的晃動手法做出黑白分明的層次感。

晃出洋蔥心底 步驟拆解 ▶

1

找到圖案過中心處的起始位置,向兩側甩動鋼杯做出細緻線條,穩定的晃動出一層層白色線條,晃動至最外圍的線條開始向內包圍而呈現半顆洋蔥心狀,便將鋼杯稍微往前方帶動再收起奶泡,這個動作可以讓線條堆疊得更密集。

2

接著將鋼杯嘴向後退一步,用相同的奶泡量和高度由遠處一面晃動、一面向洋蔥心底推擠,就定位後,繼續穩定的晃動讓線條堆積成圓。

＊要使新的圓被洋蔥心給包覆起來才算完成第二層。

3

接著將第三個圓向前推擠。

4

第四個圓也必須推入第三個圓之中才算
完成第三層級。

5

接著是推入最後一個圓,抓穩時機就要
收尾了。

6

即使最後一個圓也不能掉以輕心,將奶
柱縮小,要收出一個漂亮的心形。

7

收尾直到洋蔥心的底端,圖形完成。

拉花組合圖形應用 ————
湖中小鴨

　　此圖形同樣為洋蔥心與鬱金香的組合，運用洋蔥心不收尾的圓底作為湖面，結合鬱金香和慢葉的手法，畫出小鴨相對應的身形，並且要將小鴨推入湖中，呈現小鴨在湖上的感覺。

晃出洋蔥心做成湖 步驟拆解 ▶

1

找到圖案過中心處的起始位置，向兩側
甩動鋼杯做出細緻線條，晃動至線條呈
現半顆洋蔥心狀，便將鋼杯稍微往前方
帶動再收起奶泡，這個動作可以讓線條
堆疊得更密集，湖完成。

湖中小鴨成形 步驟拆解 ▶

2

接著將鋼杯嘴向後退一步，用鬱金香的
技巧在湖的上方推入一顆實心的圓。

3

堆疊出適當大小的圓後，再由圓的其中
一邊向後拉，像是畫上一個S形。

4

小鴨與天鵝不同，在於脖子的比例拉長與收短。在向後移動時，要注意線條的粗細。

5

接著頸部旁堆疊一個小圓，大小要與身體相當，做出小鴨的頭形。

6

最後在適當大小時迅速將鋼杯提起，收出愛心尖端，做出小鴨嘴部，即完成圖形。

拉花組合圖形應用 ———
螺旋葉

　　小幅度的轉動杯子，搭配鬱金香堆疊的技巧形成螺旋葉形，圖形挑戰會是在一開始的奶泡堆疊，要拿捏好推疊圓形大小及做出適當間隔的距離，這就考驗先前的基本功囉！最後的收尾要跟著堆疊的路徑反向繞回。

鬱金香沿杯緣推出 步驟拆解 ▶

1

融合完成後，找到圖案近杯緣處的起始點。

2

注入直到白色圓圈浮出後，就可以將鋼杯提起、收起奶泡，緊接著小範圍的轉動杯身。

3

轉動與注入同順時針方向。而轉動的幅度和距離，只要足夠新圓與上一個圓間隔開來就好。

4

將新的圓放在上一個圓的後面，使之堆疊，每一次都要堆疊出扎實的白色圓形。

5

每當鋼杯提起後，就要再重覆轉動杯子的動作與放入新的圓形。

6

將杯子斜向使鋼杯嘴更容易貼近液面成
形，一層一層的將鬱金香沿著杯緣堆出
圓圈。

7

直到液面接近注滿杯時（9分滿），可
就要抓緊時間收尾了。

8

收尾時將鋼杯拉高使奶柱縮小，此時奶
柱的移動方向要朝著最開端的圓葉片，
維持穿透力一路繞圈收至最後一個圓形
的底部。
或是在收尾時將奶柱縮小，同時將杯子
朝著反方向轉動回去，也是另一種收尾
的方式。

9

由圓底拉出適當尖端，隨即將奶泡收
起，螺旋葉形完成。

拉花組合圖形應用 ———
Wave與鬱金香

　　運用小幅度晃動的技巧，在杯緣處左右晃動，使杯子周圍產生旋轉狀的紋理，而穩定晃動產生持續推擠的力量，讓搖晃出的奶泡也跟著繞圈轉動，接著在中心推入組合型的鬱金香。

晃動使線條繞圈 步驟拆解 ▶

1

融合完成後，找到圖案近杯緣處的起始點。小範圍的在原位左右晃動，在杯子周圍晃出水波紋。

2

持續晃動維持穩定的推力，使白色奶泡跟著流動而向前繞圈。

3

待繞圈的奶泡漸漸包圍起來，便將奶泡收起，Wave完成。

中心鬱金香推疊 步驟拆解 ▶

4

鋼杯移至中心處，找到鬱金香的起始點。

5

接著就照鬱金香做法，將第一個圓圈推入Wave之中。

6

接著以相同方式將第二個圓向前推擠，直到第一個圓向後包覆住推入的圓才算完成。

6

將杯子斜向使鋼杯嘴更容易貼近液面成形，一層一層的將鬱金香沿著杯緣堆出圓圈。

7

直到液面接近注滿杯時（9分滿），可就要抓緊時間收尾了。

8

收尾時將鋼杯拉高使奶柱縮小，此時奶柱的移動方向要朝著最開端的圓葉片，維持穿透力一路繞圈收至最後一個圓形的底部。
或是在收尾時將奶柱縮後，同時將杯子朝著反方向轉動回去，也是另一種收尾的方式。

9

由圓底拉出適當尖端，隨即將奶泡收起，螺旋葉形完成。

拉花組合圖形應用 ———
花形

　　既然有快速晃動版當然也有慢速型，運用慢葉的技巧，手腕不做晃動，靠著手臂大範圍移動畫出寬一點的線條，藉著穩定的流量與不斷移動的鋼杯，配合著奶泡流動性杯身跟著慢慢旋轉，將一個一個U形集結變化成嶄新的花形。

前段線條漂流

A步驟拆解 ▶

融合完成後運用慢葉的手法,當線條浮出後鋼杯就開始由起點向中心移動,將線條拉到接近中心便可往反方向拉回。一開始蒸奶流動性高,在原位形成的花瓣會自然向前流動,此時鋼杯只要左右移動就好。

中段轉杯避免花瓣變形

B步驟拆解 ▶

當線條的流動稍微慢下來時,就要開始轉動杯身,順著注入方向轉動,杯子也只要小範圍的轉動即可。鋼杯仍左右移動就好,注意穩定奶泡流量,避免注入的推力使花瓣變形。

後段U字路徑

當線條的流動又慢下來時，鋼杯就開始要向後移動了，由開始的慢速左右移動改成拉U字形路徑。此時，移動的節奏要加快以維持流動性。

收尾將花瓣合體

待花瓣已繞回起始處（繞滿整圈），在完成最後一片花瓣後，就要準備收尾了。收尾時將奶柱縮小，鋼杯拉向中心處，隨著穩定的注入使所有花瓣向著中心集中，花形完成！

拉花組合圖形應用 ——
三片葉

　　這是個葉形的組合圖，運用葉形Rosetta的技巧，先在中心完成主葉後，再由兩側拉出對稱的小片葉形，此組合圖一開始的困難點在於圖形比例與節奏的掌控，在做主葉時就要預留下適當空間，而小葉片是左右各一片，因此小葉從左或右側開始，可由個人習慣而定，圖形熟悉後就要注意兩片小葉的對稱度，葉大小、與主葉的間距等等。

晃出中心主葉

A步驟拆解 ▶

融合完成後,將拉花杯嘴盡可能貼近Crema表面,晃動鋼杯使白色奶泡晃出,使之產生紋理後便向後移動鋼杯。
＊如果此時葉片包覆的程度太多,就會沒有空間讓小片葉延展。

主葉收尾

B步驟拆解 ▶

持續地Z字路徑,晃動使葉片數量增加。晃到葉片已接近杯緣或注入盛至8分滿,就要準備收尾。收尾時將奶柱縮小,向葉片的開端處前進,維持穿透力收到底部,完成主葉。

第一片小葉

C步驟拆解 ▶

將鋼杯移向左或右側，杯子斜向鋼杯嘴使之成形，利用小片葉手法，移動方向由主葉的邊緣向主葉頂端前進，到葉片接近頂端時，就要準備收尾了，收尾至小葉的開端，完成第一片小葉。

第二片小葉

D步驟拆解 ▶

將鋼杯移向對稱的另外一側，以相同方式將小葉片拉出，圖形完成。

＊要是在完成兩片葉後，杯裡已盛滿了，來不及完成最後一片葉時，下次挑戰時就把前面兩片葉縮小一點試試。

拉花進階圖形 ─────

雙葉夾心

　　由大小兩片葉與心形的組合圖，運用基本葉形Rosetta
與心形的技巧結合，先在中心完成大葉後，再由側邊拉出小
片葉形。此組合最困難的地方在於最後的心形，若奶泡量不
足或是推的動作沒有呈現，往往會使葉片無法向內側包覆起
來。大葉片在一開始就要預留足夠的空間，否則小片葉與最
後的心形會容易擠在一起，圖形完整度也會下降。

1

融合完成後,將杯子打斜,找到圖案的起始點。將拉花杯嘴盡可能地貼近Crema表面,晃動鋼杯使白色奶泡晃出,使之產生紋理後便向後移動鋼杯。

＊如果此時葉片包覆的程度太多,就會沒有空間讓小片葉延展。

2

持續的Z字路徑,晃動使葉片數量增加。晃到葉片已接近杯緣或注入盛至8分滿,就要準備收尾。

3

收尾時將奶柱縮小,向葉片的開端處前進,維持穿透力收到底部,大葉完成。

4

將鋼杯移向左或右側,利用小片葉手法,移動方向由主葉的邊緣斜向杯緣處（偏離大約是與大葉夾45度角）到葉片接近頂端時,就要準備收尾了,收尾至小葉的開端即完成小片葉。

＊收尾注意可別過頭劃到大葉上。

將心推入葉片之中 步驟拆解 ▶

5

鋼杯移動至兩葉片的中間，找到杯緣處的起始點。

6

接著就照實心的做法，將圓滑入兩葉片的中間。

7

圓形慢慢的堆疊、向外展開，使兩片葉跟著向內側彎曲，就要抓緊時間收尾了。

8

最後就像心形收尾，將奶柱縮小，拉向兩葉片的交會處即完成圖形。

拉花組合圖形應用 ————
心形與翅膀

　　此圖形為鬱金香與葉形的組合圖，運用鬱金香技巧在中
心推出多層次的心形，再由心形的左右兩側拉出翅膀，最後
在兩個翅膀的中間，推入一個心形。愈簡單的圖形愈要掌握
好左右的對稱度。

推三層心形

A步驟拆解 ▶

在第一個圓確實成形後,接著將鋼杯嘴向後退一步,用相同的奶泡量和高度向前推擠,使新的圓被第一個圓包覆住就算完成第二個圓。直到第三個圓也推入大圓之後,運用心形的收尾方式,完成三層心。

一側的翅膀

B步驟拆解 ▶

將鋼杯移向左或右側,杯子斜向鋼杯嘴使之成形,利用小片葉手法拉出羽毛,移動方向由心形的尖端向心形兩側前進,羽毛接近杯緣時,將奶柱縮小,由羽毛內側往開端處收尾,完成第一側翅膀。

對側的翅膀

C步驟拆解 ▶

將鋼杯移向對稱的另外一側，以相同方式
將翅膀拉出。

＊注意兩側翅膀的對稱度。

最後點綴的心形

D步驟拆解 ▶

由雙翅的中心堆疊出適當大小圓，將大心與
翅膀串連起來，最後就像心形收尾一樣，將
奶泡快速勾起，圖形完成。

拉花進階圖形 ———

一箭穿心

　　為鬱金香與葉形的組合圖，運用鬱金香技巧在中心推出多層次的心形，再由側邊拉出小片葉形做為箭尾的羽毛，收尾奶泡不間斷將箭身拉出，再次放低鋼杯嘴做出箭矢，挑戰點在於勾勒出最後的箭矢，若奶泡量不夠或是比例、節奏上沒有掌握好，箭矢就會難以成形。

堆疊四顆心 步驟拆解 ▶

1

融合完成後，將杯子打斜，找到圖案的起始點。將拉花杯嘴盡可能的貼近Crema表面，使奶泡成形。

2

在第一個圓確實成形後，接著將鋼杯嘴向後退一步，用相同的奶泡量和高度向前推擠，使新的圓被第一個圓包覆住就算完成第二個圓。

3

用一樣的方式完成第三個圓。直到第四個圓也推入大圓之後，就要準備收尾了。

4

利用心形的收尾方式，拉至適當尖端成形後才收起奶泡，四顆心完成。
＊空間足夠的話，還可以挑戰多塞幾顆心，不過請記得預留箭頭和箭尾的位置。

5

由心形的其中一側向杯緣處移動，拉出小片葉。

6

接著就照小片葉的收尾方式，將葉片收起（形成箭尾），不同的地方是收至葉片底部之後，維持相同的奶柱劃過心形（做出箭身）。

7

再次放低鋼杯嘴使奶泡堆疊。

8

堆疊出適當大小圓時，最後就像心形收尾，用奶泡快速勾出箭矢，圖形完成。

拉花組合圖形應用 ———
創意圖形 旺來

　　在挑戰了這麼多圖形之後，希望你也開始設計自己的創意圖形，可以是先設想好一個形體，然後嘗試運用不同的元素塑造出物體的形態，有時候想的跟實際拉花時會有些落差，可以一邊嘗試、一邊修正，一開始行不通的方式，換個方向也許就能成功，一起來發掘拉花的多變可能，創造出更有趣的圖形。

　　現在要介紹的是本書最後一個圖形，也是作者的自創圖形「旺來」，結合了個人最喜愛的慢葉技法加以變化成的圖形，千萬別被它看似花俏的外表給嚇壞了，其實這是由簡單的8字形經過反轉再重組，轉一個方向將線條重疊起來，它們就成了鳳梨一格一格的樣子了，快來挑戰看看吧！

立起3片鳳梨葉

A步驟拆解 ▶

融合完成後，在中心處找到圖案的起始點。運用慢葉中畫的技巧拉出8字形，此時要注意的是第三片葉，只拉至中心的位置處，隨即快速的向前收尾，讓葉片向後立起。

反轉繞出鳳梨身形（上）

B步驟拆解 ▶

接著將杯子反轉180度。由鳳梨葉尖端處找到拉鳳梨身體的起始點，鋼杯嘴再次放低，使線條堆疊，用8字形拉出鳳梨的身形。

鳳梨身形（下）

C步驟拆解 ▶

在拉第二個8時，請注意要將新的線條與上一個線條盡量緊靠在一起。一直重複繞出8字，待拉到適當大小或是拉至杯緣處時，就要準備轉向。

轉向收出格紋

D步驟拆解 ▶

拉花方向由橫向轉了90度，用小一點的流量，從鳳梨身的最外側開始繼續繞8，做出縱向的條紋。當線條劃出間隔相當的格紋後，就隨即將奶泡收起，鳳梨圖形完成。

UGLY DUCKLING
Coffee house & Barista training center

醜小鴨是一個整合咖啡資源的訓練中心，從一顆豆子，
到一杯咖啡，你都可以找到你需要的專業知識與訓練
雖然食物飲料會因各人喜好而產生主客觀因素，但要達
到好吃好喝是有一定的標準，這也是醜小鴨訓練中心的
強項，系統化的訓練
在國外專研Espresso & Latte Art 的這條路上也算是累
積了許多的經驗與收穫！在綜觀台灣現有的狀況下，義
式咖啡的訓練是可以更具有完整性及系統化，甚至可藉
由完整的訓練體制，讓對咖啡有熱誠的人在國際間的舞
台上發光發熱
就像是醜小鴨一樣，都有成為美麗天鵝的無窮潛力！我
們有信心，在醜小鴨的訓練之後，你會從愛喝到會喝，
從品嘗到鑑定，從玩家到專家，從業餘到職業

Craft

台北市中山區合江街73巷8號
02－25060239

醜小鴨咖啡臉書粉絲專頁

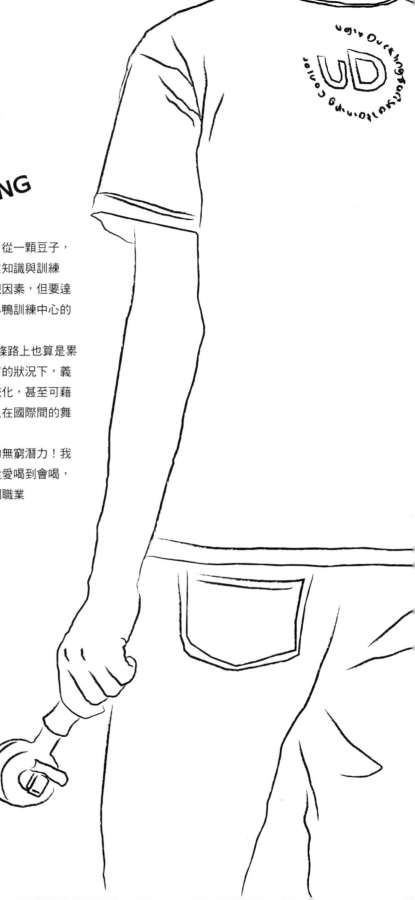

國家圖書館出版品預行編目資料

咖啡拉花技術大全／醜小鴨咖啡師訓練中心編著
-- 初版. -- 臺北市：臺灣東販, 2018.10
162面；18.2×24公分
ISBN 978-986-475-789-3 (平裝)

1.咖啡

427.42   107014989

咖啡拉花技術大全

2018年10月1日初版第一刷發行
2022年11月1日初版第三刷發行

編　　著	醜小鴨咖啡師訓練中心	
主　　筆	龔佳婕	
主　　編	陳其衍	
攝　　影	郭秉承Jeremy	
發 行 人	若森稔雄	
發 行 所	台灣東販股份有限公司	
	＜地址＞台北市南京東路4段130號2F-1	
	＜電話＞(02)2577-8878	
	＜傳真＞(02)2577-8896	
	＜網址＞http://www.tohan.com.tw	
郵撥帳號	1405049-4	
法律顧問	蕭雄淋律師	
總 經 銷	聯合發行股份有限公司	
	＜電話＞(02)2917-8022	